沖縄・基地白書

米軍と隣り合う日々

沖縄タイムス社
「沖縄・基地白書」取材班

高文研

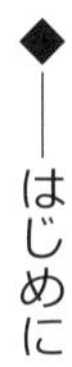

オキナワン・ライブズ・マター（うちなーんちゅの命も大切）

白人警察官が黒人男性を死なせた事件に端を発した、アメリカの大規模抗議デモのスローガン「ブラック・ライブズ・マター（黒人の命も大切）」をニュース映像で見ながら、ある取材を思いだしていた。

1993年、私が新聞記者になってまだ3年目のことだ。

極東最大の米空軍拠点である嘉手納基地を抱える沖縄市の読者から、電話があった。

「昨日、米兵同士のかなり派手なけんかがあった。憲兵や救急車も来ていたのに、なぜ新聞に1行も載っていないのか」

早速、沖縄県警で米兵絡みの事件などを取り扱う外事課に行って尋ねると、担当者は「知らない」とそっけない。

多くの市民が目撃していて隠す必要もないのに不審に思い、しつこく聞いた。その警察官は民間地域であっても、被害が日本人に及ばない米兵同士の事件であれば、県警は関与せずに、知らないことがあると言う。

この前年に起きた「ロス暴動」を思い出した。黒人男性がロサンゼルス市警の白人警察官から激しい集団暴行を受けたのに無罪評決が出たため、抗議行動が起きて一部が暴徒化した事件だ。

「たとえば民間地域でロス暴動のようなことが起きても、米兵同士なら県警は捜査もせず、米軍から情報提供されることもないのか」「殺人事件が起きても県警は知らないのか」と食い下がる私。

「そうだ」ときっぱり言う警察官。

自分の足元で事件が起きても知らないなんて、そんなバカな話があるはずはないと半信半疑でデスクに報告すると、長く基地問題を担当してきたそのデスクは、引き出しからおもむろに「日米地位協定」の分厚いコピーのつづりを取り出し、解説してくれた。

「加害者・被害者ともに米軍人同士の場合、『専ら事件』（もっぱら米兵による犯罪）と言って、基地の外、つまり民間地で起きた場合でも日本側には第一次裁判権がない。だから、県警は捜査しないんだよ」

新聞記者になって初めて出合った、米軍絡みの理不尽な取材だった。

多かれ少なかれ沖縄の記者は誰もがこうした取材にぶつかり、疑問と憤りが噴出する。

これに対して県外メディアは、米軍基地問題に動きがないから取り上げなくなる一方だ。住民目線でいえば、基地問題は多岐にわたり長引いて解決する見通しがないからこそ、報道する意味がある。

政府のダブルスタンダードな対応もまざまざと見せつけられ続けている。この原稿を書いている最中にも、政府は秋田県と山口県に配備予定だった地上配備型迎撃システム「イージス・アショア」計画を断念した。

コストと配備期間の長さを理由にしているが、それなら名護市の辺野古新基地建設についても言える。埋め立て予定海域の「軟弱地盤」によって建設費用は膨大化し、工事は遅れに遅れている。住民の反対も理由であれば、秋田県と同じように、いやもっと長期にわたって県民投票や国政選挙、県知事選挙、世論調査などで反対の意思を示している。

本書は、記者たちが米軍基地問題に向き合う取材活動を描き、疑問を解説し、60年たった日米地位協定の「今」をみる。問題がわずか1ミリの前進をみなくても、書き続けることが沖縄ジャーナリズムの使命だと分かってもらえると思う。

願わくは、読後に沖縄が置かれた現状に思いを巡らせて、米軍基地問題を人ごとにせず内在化していただきたい。私たちが問い続ける根底にあるのは、「オキナワン・ライブズ・マター（うちなーんちゅの命も大切）」だからだ。

２０２０年6月23日

沖縄タイムス社編集局長　**与那嶺　一枝**

◎――もくじ

第2章 「辺野古新基地建設」考—沖縄県外で知られない10のそもそも

第3章　骨抜きの主権国家―日米地位協定60年

1　絶大な米軍の基地管理権

2 運用面からみえる米軍の「特権」

3 米軍への「思いやり」か!?

第4章　本土よ―沖縄から問う

装丁：商業デザインセンター・増田　絵里

【編集注】

◆本書は、沖縄タイムス紙面に掲載された次の４つの連載を中心に再構成し、加筆、編集した。

■「沖縄・基地白書」（２０１８年1月1日から6月11日　32回）

■「そもそも辺野古―県民投票を前に」（２０１９年2月11日から2月24日　13回）

■「骨抜きの主権国家―日米地位協定60年」（２０２０年1月1日から4月21日　31回）

■「本土よ―辺野古県民投票1年」（２０２０年2月12日から3月4日　17回）

◆文中に登場する人物の年齢、肩書き、役職などは、新聞連載当時のものである。

◆第1章の「基地問題を追う記者たち」の年齢は、２０２０年5月現在のものである。

沖縄本島の軍事基地
北部訓練場
国頭村
奥間レストセンター
伊江島補助飛行場
大宜味村
今帰仁村
東村
八重岳通信所
本部町
名護市
キャンプ・シュワブ
辺野古弾薬庫
キャンプ・ハンセン
■恩納分屯地（空自）
■白川分屯地（陸自）
宜野座村
嘉手納弾薬庫地区
恩納村
金武町
金武ブルー・ビーチ訓練場
金武レッド・ビーチ訓練場
天願桟橋
陸軍貯油施設
キャンプ・コートニー
トリイ通信施設
読谷村
キャンプ・マクトリアス
キャンプ・シールズ
うるま市
嘉手納飛行場
陸軍貯油施設
嘉手納町
浮原島訓練場
■沖縄基地隊（海自）
キャンプ桑江
沖縄市
北谷町
ホワイト・ビーチ地区
■勝連分屯地（陸自）
泡瀬通信施設
キャンプ瑞慶覧
北中城村
津堅島訓練場
普天間飛行場
牧港補給地区
宜野湾市
中城村
浦添市
西原町
那覇港湾施設
■那覇航空基地（海自）
那覇市
与那原町
■知念分屯地（空自）
南風原町
■知念分屯地（陸自）
南城市
■那覇駐屯地（陸自）
豊見城市
■那覇高射教育訓練場（空自）
八重瀬町
■与座分屯地（陸自）
■那覇基地（空自）
■南与座分屯地（陸自）
糸満市
■那覇病院
■与座岳分屯基地（空自）
■島尻分駐所
■は自衛隊基地

第1章

基地問題を追う記者たち

米軍感染62人に

クラスター発生

知事、2基地の閉鎖要求

県は11日、宜野湾市の普天間飛行場で32人、本島北部のキャンプ・ハンセンで13人の計45人が新たに新型コロナウイルスに感染したと発表した。2〜10日の17人を加え、今月だけで計62人の感染者が出ている。玉城デニー知事は米軍基地内でクラスター（感染者集団）が発生しているとの認識を示し、在沖米軍トップのクラーディー四軍調整官に普天間とハンセンの閉鎖を要求。クラーディー氏は「ロックダウン（封鎖）している」と答えたという。

米軍関係者に多数の感染者が出たと発表する玉城デニー知事＝11日午後、県庁

知事発言の骨子

- ○新たに米軍関係者の新型コロナ感染者が多数確認された
- ○県民一丸で取り組む中、短期間で多数発生していることは極めて遺憾
- ○これだけの数のクラスター発生に、米軍の感染防止対策に強い疑念を抱かざるを得ない
- ○県民が不安にならないよう迅速に行動し、しっかりと情報収集したい
- ○第2波が来たぐらいの緊張感を持って、県民の健康と生命、経済活動を守る

玉城知事は約30分間の電話会談で①米国から沖縄への移動禁止②基地内の感染防止対策を最高レベルに引き上げ、違反者の米国への送還—など7項目を要請。クラーディー氏は「私の権限における最高レベルの感染防止対策を取っている。米国から沖縄への移動禁止は私の権限では答えられない」と語ったという。

感染者数の公表には「私に権限はないが、県が公表しても報告を続けたい」と答えたため、県が公表に踏み切った。クラーディー氏は「移動制限措置の対象者を基地内に収容する限界を超えている」と述べ、北谷町内のホテルでの隔離措置を続ける考えを示した。

玉城知事は会談前の記者会見で、米軍の集団感染に「衝撃を受けた。短期間で多数発生していることは極めて遺憾。感染防止対策に強い疑念を抱かざるを得ない」と米軍の対応を批判。「感染の第2波が来たという緊張感を持ち、県民の健康や経済活動を守るため全庁体制で対応する」と強い危機感を示した。

謝花喜一郎副知事は11日午後、川村裕外務省沖縄大使、田中利則沖縄防衛局長に知事と同様の7項目を要請した。県は米軍関係者から県民に感染拡大の恐れがあることから、中部地域のPCR検査体制を強化するほか、感染した軽症者や無症状者の療養施設を確保する準備を進めている。

米軍によると、感染者は全て基地内で隔離し、濃厚接触者は保護措置に置かれている。大城玲子保健医療部長は感染者が米国から入ったというより「県内の基地で感染が拡大している」と推測。「少なからず県民への影響はある」との認識を示した。

県の第2波に備えた指標では米軍関係の感染は対象に含まれないが、60人規模の新規感染は上から2番目の第3段階に当たり、県が緊急事態宣言を発令する警戒レベルになる。

県内の米軍関係では3月に嘉手納基地3人、今月2日にうるま市のキャンプ・マクトリアス1人、8日に普天間飛行場5人、9日に普天間1人、キャンプ・ハンセン3人、10日にハンセン7人の感染を確認した。

新型コロナ
2面＝基地閉鎖一斉要求
6面＝ワクチン囲い込み
27面＝観光男性2人感染
関連＝3・9・26面

1355人が観戦する中、徳島ゴール前で競り合う李栄直（左端）らFC琉球イレブン＝11日、沖縄市・タピック県総ひやごんスタジアム（国吉聡志撮影）

琉球、ホームに1355人

J2 今季初の観客試合沸く

サッカーJ2のFC琉球は11日、タピック県総ひやごんスタジアムで徳島ヴォルティス戦が行われ、今季初めてスタンドに観客が入り、観戦した。1355人が入場し、新型コロナウイルス感染防止のため応援歌や指笛などは禁じられる中、琉球の好プレーなどに大きな拍手を送った。

（19・26面に関連）

Jリーグの規定で座席は間隔が空けられ、張られたQRコードで来場者の情報を入力する新たな措置も取られた。

会場には応援歌など録音された音声が流され、中盤を過ぎて白熱してくるとプレーごとの拍手も大きくなった。試合は琉球が徳島に1―3で敗れ、今季初勝利を飾れなかったが終了後、ピッチを後にする選手に温かい拍手で激励した。

沖縄 OKINAWA TIMES タイムス

2020年 7月12日 日曜日
（令和2年）【旧5月22日・友引】

発行所　那覇市久茂地2丁目2番2号
（郵便番号900―8678）沖縄タイムス社
私書箱　那覇中央郵便局293号©沖縄タイムス社　2020年
代表電話（098）860-3000
読者センター（098）860-3663
購読・配達の問い合わせ 0120-21-9674

県関係の新型コロナ感染状況

11日時点			
新たな感染者	2人	入院者	6人
		（重症者	0人）
検査数	32人	死亡者	7人
累計感染者	148人	退院・回復者	139人

※再陽性者含む

在沖米軍関係者の7月以降の感染者　62人

紙面から

リュウキュウ 普及に力 23

主に高知県などで栽培されている野菜「リュウキュウ（ハスイモ）」を沖縄でも広めようと、今帰仁村在住の高田勝さん(60)が奔走している。食材として使う料理店からの評判も上々という。

きょうの天気　あす

	6時	9	12	15	18	21	24		紫外線	あす
北部		33	26	30%				1→1.5 南東 6	非常に強い	33 27 20%
中南部		33	27	30%				1→1.5 南東 6	非常に強い	33 27 20%

1　基地あるが故の日々

新聞記者の平穏な日常は、事件や事故の発生で急転することが往々にしてある。沖縄では特に、米軍関係の問題が要因となることが少なくない。

2020年7月11日。

九州や中国地方で豪雨が続き、被害の拡大が伝えられる中、一足早く梅雨明けした沖縄では、カラッと晴れ渡る土曜日を迎えていた。せっかくの行楽日和にもかかわらず、沖縄タイムスの記者たちは、朝から妙な胸騒ぎを覚えていた。

7月11日、正午すぎ。

政経部で米軍基地問題を担当するいわゆる「キチタン」の大城大輔（38歳）は、家族と一緒に沖縄本島中部の沖縄市へ出かけ、てびちそばを食べていた。いつでも、どこにいても、米軍関連の問題が発生すると真っ先に動き出す、動き出さなければならない記者だ。

豚のあばら骨に当たる「ソーキ」や、皮、赤身、脂身が三層になった「三枚肉」の沖縄そばは観光客にもポピュラーになったが、豚の足をトロトロになるまで煮込んだ「てびちそば」は、地元沖縄で根強い人気を誇る。豚骨とカツオのバランスが絶妙なスープを流し込みながら、それでも大城のモヤモヤとした気持ちは晴れなかった。

政経部の沖縄県政キャップで、入社16年目の福元大輔（42歳）は、腹を決め、身支度を調えていた。妻は前日の妊婦健診で、子宮口が2センチくらい開いていると医師から告げられた。第3子の出産予定の15日前だが、妻は「今日か、明日かもしれない」と語っている。6歳と3歳の娘がいる。「もしものことがあったら」と、この日の午前中に自宅のある那覇市から、車で約1時間、うるま市の妻の実家に3人を「疎開」させた。結婚12年目。「仕事と出産のどっちが優先なの」なんて言われることはなかった。福元の胸騒ぎを感じ取り、素直に従った、というよりあきらめていた。

社会部の入社9年目、下地由実子（38歳）も非番だった。生活と暮らしに最も近い記事を書く。沖縄県内で新型コロナウイルスの感染者が初めて確認された2月以降、同じ社会部で保健医療を担当する篠原知恵（32歳）とともに、新型コロナ関連の取材を一手に引き受けてきた。この日は、篠原がどうしても外せない日程があった。婚約者とその家族とのディナーだ。事前に確認した下地は、「何かあれば、私が出勤する」と強い責任感のもと、午前中をダラダラとやり過ごした。

7月11日、午後0時16分。

沖縄タイムスの現場記者とデスク、編集幹部で情報を共有するグループチャットにメッセージが届いた。このグループチャットは、開発段階で死亡事故が相次ぎ、「未亡人製造機」と揶揄（やゆ）された海兵隊の垂直離着陸輸送機「オスプレイ」が沖縄に配備された２０１２年、そのオスプレイがどのように訓練しているか、を沖縄本島に散らばった記者の目で確認し、情報を共有するために立ち上げた。その経緯から「オスプレイチャット」と呼ばれる。ひとたび稼働すると記者たちは目の回るような忙しさに追われる。

「ピロン！」。オスプレイチャット用に設定したスマホの着信音が大城の耳に届いた。休みの日でも背筋が伸びる。はしを持っていない左手でスマホを操作した。

「米軍の新型コロナウイルス陽性者60人超えとの情報」

嫌な予感は的中した。現実から逃げるように、残っているそばを口に押し込んだ。

メッセージの送り主は、社会部の山城響（37歳）だ。警察担当の経験が長く、人脈も広い。同じ会社であっても、誰からの情報なのか、正しい情報なのか、というやぼな質問を投げ返すことはない。オスプレイチャットに流れたからには、相当の筋からの、それなりの情報だ。

福元は、沖縄県政記者クラブに詰める沖縄タイムスの記者5人に、「チャットの情報の通り、今日は修羅場です。今から出勤できる人はいますか。無理する必要はありません」とＬＩＮＥで送った。

妻の陣痛が始まれば、病院に送ることができなくても、すぐに駆けつけて、立ち会いたい。自分が途中で抜ける場合を考えると、できるだけ多くの記者に出勤してほしい。そんな打算と、こちらの都合で申し訳ないという気持ちを抱えながら、パワハラにならない範囲で出勤を促したつもりだ。

真っ先に返信がきたのは、やはり「キチタン」の大城だった。「15時めどに出社できます」。自身もキチタン経験のある福元は「そりゃそうよね」と思う半面、「これで大丈夫」と、胸をなで下ろした。

沖縄県内では、この日までに米軍関係者の新型コロナウイルス感染が相次いでいた。県内での新型コロナの感染者が63日連続でゼロにも関わらず、7月2日に米海兵隊の家族1人の感染が確認された。米国から沖縄に入り、14日間の隔離措置中だった。その後、8日に普天間飛行場で「数人」、9日に普天間飛行場で1人、キャンプ・ハンセンで「数人」、10日にハンセンで「数人」の感染を確認した、と沖縄県が発表していた。

1人以外は「数人」という発表の仕方だ。「数人」が2人なのか、9人なのか、で大きな差がある。しかも、感染者が兵士なのか、兵士の家族なのか、基地の中で働く軍属なのか、は明らかにされていない。基地の外で県民と接触したか、どうかの情報もない。検査数も分からないので、陽性率を計算することもできない。

フェンス1枚を隔てて、生活する「隣人」だが、沖縄県民には米軍基地の中で何が起きているのか、まさに「分からないことだらけ」なのだ。

沖縄県の人口は約140万人。これにはカウントされない米軍関係者が約5万人いるといわれる。その数もはっきりと公表しない。

基地の中で働く、日本人の基地従業員は約9千人で、全駐留軍労働組合という労働者の組合もある。基地の外に住む米軍関係者との交流も多い。そういった関係で、米軍が組織的に隠しても、基地の中の情報を仕入れる手段はある。

「米軍基地内で100人以上がPCR検査を受けている」「若い兵士を中心に300人近くが隔離されている」「8月末まで米軍の異動時期なので、米国から感染者が移入する可能性がある」といった情報が沖縄タイムスに舞い込んでいた。

土曜日にもかかわらず、記者たちが「胸騒ぎ」を覚えていたのはそのためだ。

下地は「いつか来るのは分かっていたが、60人以上？　信じられない」という気持ちだった。その日に書く記事を頭に思い浮かべながら、出社の準備を始めた。

入社16年目の社会部フリーキャップの伊集竜太郎（42歳）も、感染者数に衝撃を受けた。この日の社会面デスクの与儀武秀（46歳）と電話で展開案や配置について話し合った。この日は休みで、どうしても実家に行かないといけない予定があり、向かっている矢先だった。一度顔を出して親に事情を説明して、自らも休日を返上し、会社に上がった。

これまで、伊集は米軍訓練による住民の被害を数多く取材してきた。

今回は「見えないウイルス」。国内法が及ばず日本側で米兵の検疫もできない。そもそも在沖米軍基地に何人が所属し、家族を含めた関係者が何人いるかも公表されていない。「見えないだらけの米軍が新たに県民に押し付けた不安とどう向き合えばいいのか」。会社に向かう車中で、懸念だけが募った。

沖縄本島の北部地域を担当する西倉悟朗（26歳）は入社2年目。この日までに複数の感染者が発生していたキャンプ・ハンセンの周辺で取材していた。

「数十人の感染」が本当なら地元自治体にも情報が入っているはずだ。ハンセンの所在する仲間一金武町長の自宅を訪ねたが、「聞いていない」という答えだった。担当の町幹部も知らないという。

町民の女性は、「基地と街の間にはフェンスが1枚。米軍には情報を公表する責任がある。隠す理由が分からない」と言った。西倉は「本当にその通りだ」と、同感するしかなかった。

7月11日、午後1時。

キチタンの大城には指示が来ていた。「60人以上が正しいか、どうか、裏取りしてほしい」。穏やかな休日が一変したことに、家族は気づいた。「大丈夫？」。妻の声に、ただただ申し訳が立たない気持ちだ。新型コロナの特別定額給付金を受け取った祖父母が、7歳の長女と4歳の長男に自転車を買い与えてくれた。沖縄そばを食べ終え、近くの公園で初乗りする予定だった。

「ごめん、仕事が入った」。声を振り絞ると、自宅に戻り、沖縄県庁へ向かうバスに飛び乗った。

7月11日、午後1時30分。

インターネットの記事を扱う総合メディア企画局記者の比嘉桃乃（27歳）は、もどかしさを抑えていた。新型コロナ関係の記事、米軍関係の記事はいずれも国民の関心が高い「読まれる記事」だ。数十人の米軍関係者が新型コロナに感染していれば、ニュース価値は格段に上がる。記事が届かず、気持ちだけが焦る一方で、3月まで社会部の記者だったこともあり、裏取りの難しさも身にしみていた。

沖縄県庁に一番乗りしたのは福元だ。午後4時以降に玉城デニー知事が記者会見し、詳細を発表する。その前に、知事や副知事2人が県庁に入るところをつかまえ、話を聞きたい。しかし、翌週の県議会一般質問での答弁調整のため、知事と副知事2人はすでに登庁していた。福元は県庁6階の知事室への出入りを少し離れた廊下から眺めていた。休みの日でクーラーは稼働しておらず、首から汗が流れる。

知事室から出てくる県幹部に「数十人の米軍関係者が、新型コロナに感染したという情報がある」と、直接ぶつけた。「クラスターが発生しているようだ」。少しずつ情報が集まり、点と点がつながり始めた。「数十人という表現なら間違いない」「関係者によると、感染者は60人を超えるという書き方ならできそうだ」。福元が、比嘉に伝えた。

7月11日、午後4時30分。

県からの案内で、知事会見が設定された。沖縄タイムスから、福元、大城、下地のほか、山城響、堀川幸太郎（41歳）、玉城日向子（23歳）も会場に入った。

約30分遅れで玉城知事が姿を見せた。

「本日新たに米軍関係者の新型コロナウイルス感染者が多数確認された。報告内容に衝撃を受けた。米軍の感染防止対策に強い疑念を抱かざるを得ない」と、最大限の情報を詰め込んだ。最大限と言わなければいけないのには、理由がある。

沖縄県は米軍から二つのルートで新型コロナ感染の情報を得ている。一つは、米軍の対外交渉を担当する政務外交部から、沖縄県の米軍基地問題を担当する基地対策課への情報だ。県民への公表を前提としている。この日は「新たに感染者が出た」という情報しか、与えられていなかった。

これとは別に、米軍の公衆衛生を担当する米海軍病院から、沖縄県の保健医療部に伝えられる情報がある。これは感染症に関する情報を米軍と地元自治体が共有する内容の２０１３年日米合意に基づく。ただ、米国防総省は２０２０年３月末、安全保障上の理由から新型コロナの感染者数などの情報を非公表とすることを決め、外務省は沖縄県などの自治体に米軍から得た情報を公表しないよう、要請する文書を出している。

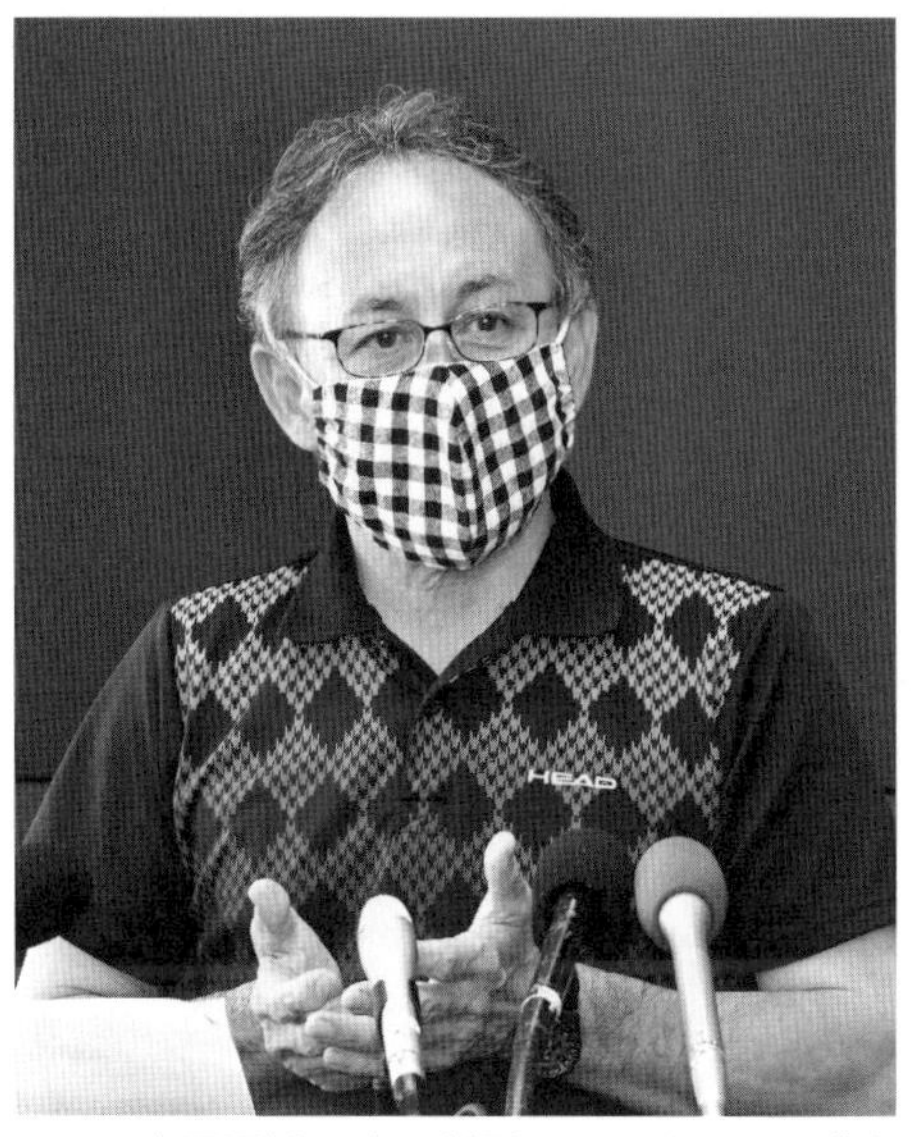

１日で米軍関係45人の新型コロナウイルス感染が確認され、強い危機感を示す沖縄県の玉城デニー知事。2020年７月11日、沖縄県庁

つまり、保健医療部に入った情報は、公表を前提としていないため、沖縄県が独自に県民へ伝えることができない。県は「公表すると、米側から新たな情報を得られなくなり、感染予防に支障が出る」との立場だ。だから、玉城知事は感染者数を知りながら、記者会見では「多数確認された」「数十人規模だ」とぼかすのが精いっぱいだった。その時点での「最大限」だったのだ。

記者会見では、この部分を追及された。

「正確な人数を教えてほしい」「知っているのに公表できない理由は何か」「県民にとって重要な情報は米軍を押し切ってでも県独自で公表すべきではないか」。玉城知事は、いら立った表情を隠さなかった。日米地位協定には、米軍関係者が日本に入国する際、日本側の検疫を受けることを明記していない。1996年の日米合同委員会では、米軍関係者が日本の米軍基地に直接入る場合には米軍の責任で検疫を実施し、日本の民間空港から入る場合には米軍側の立ち会いの下で日本の検疫を受けることで合意している。

新型コロナウイルスの感染者数が世界で最も多く、累計で300万人を超えていた米国から日本には、特段の事情がない限り入国できず、入国する場合でもPCR検査を受けた上で、自宅や宿泊施設で14日間の移動を制限される。米軍にはこれが適用されていない。

さらに、沖縄の米軍関係者は、米国から米軍機で、沖縄の嘉手納基地に直接入国するケースが多い。米軍は米国を出る前の14日間と、沖縄に入った後の14日間の移動を制限するなど、感染予防対策を講じていると説明する。

軍隊という組織で感染症がまん延すれば、部隊の運用どころではなくなることを考えると、組織を守るために、一般よりも厳しい措置を講じていると想像できる。

しかし、数十人規模が感染したのである。玉城知事の言うように「これまでの米軍の感染防止策に疑念を抱かざるを得ない」のが実態だ。米軍基地内でどのように検疫し、移動制限措置をとっているのか、確認する手段もなく、ブラックボックスの中身を「信用しろ」というのには無理がある。

米国から感染者が入ってきたのだろうか。そう考えるにはあまりにも数が多い。県内の米軍基地でクラスター（集団感染者）が発生したと考えた方が自然である。7月4日は、米国の独立記念日。基地の内外でイベントが開催され、多くの米軍関係者であふれかえっていた。そこに感染者がいたとすれば……。

何歩か譲って、感染者が出てしまったことは仕方がない。しかし、感染者数や感染者の行動履歴などを公表しないのはどうだろうか。感染拡大を防ぐために必要な情報、県民の不安を払しょくするために必要な情報を明らかにしないのである。

この期に及んでまだ公表しないのか――。

記者会見に参加した記者と本社にいるデスクとの話し合いの結果、翌日の沖縄タイムスは「県民に必要な情報を公表しない米軍」と「情報を知りながら県民に伝えない沖縄県」に対する批判や不満を含んだ紙面になるはずだった。

7月11日、午後7時。

記者会見を終えた玉城デニー知事と、沖縄に駐留する米軍のトップ、クラーディー中将との非公開の電話会談が始まった。

「感染者数を公表してほしい」。知事の要求に、クラーディー氏は「私の権限で公表できないが、県が公表することを妨げない。また公表しても、報告を続ける」と答えた。米軍から公表することはないが、県が知り得た情報を公表しても、新たな報告を続けるという内容だ。

福元は、県庁のトイレですれ違った県幹部から「この後、感染者数を公表する」と聞かされた。公表となれば、計画していた翌日の紙面展開や書きぶりを変えなければならない。オスプレイチャットで「県が感染者数を公表します」と伝えた。

取材を重ねると、知事とクラーディー氏との会談前に、外務省や防衛省が米軍に働き掛けていたことが分かった。県幹部もこの日の午後の早い段階で「感染者数の公表に米軍が応じる」という感触をつかんでいた。

福元は、以前に元副知事の座喜味彪好(たけよし)から聞いた話を思い出していた。米軍基地内の下水道料金を値上げしようと、座喜味が外務省に出向いた時だ。「契約は変えない」と告げられた。沖縄に戻った座喜味は《米軍基地内の下水道を止める》と新聞に書かせた。あわてた米軍司令官は値上げに応じた。「できることでも、日本政府はやろうとしない」。沖縄では保守本流の座喜味だが、日本の弱腰外交のしわ寄せが沖縄に集まっていると憤りを見せていた。

沖縄県の公表した感染者数は、この日の1日だけで普天間飛行場で32人、キャンプ・ハンセンで13人の計45人。7月2〜11日の10日間で、62人だった。明らかにクラスターの発生である。

妻の陣痛がないことを確認した福元は、政治の視点からこの日の問題点の解説を書いた。

《根本的な問題は、沖縄本島の約15%に及ぶ面積に米軍基地や演習場が点在するにもかかわらず、その中では国内法が適用されないことである。新型コロナの予防措置、検査や医療の体制、感染者の行動、隔離方法など分からない事だらけだ。

県は新型コロナの影響による2～5月の経済損失を約1900億円と見込む。それでも県民は歯を食いしばり、外出や営業を自粛し、感染を抑え込んだ。米軍基地内での感染拡大は、その努力を一瞬で水泡に帰すような結果だ。

さらに軍の論理を優先するようでは、憤りは増す。情報不足は不信や不安につながり、偏見やデマを生み出し、社会が混乱する恐れもある。未曽有の緊急事態に、米軍は知事に情報を集約し、公表の判断を任せることはできないだろうか。

このままでは、米軍から派生する騒音や事件、事故のほか、感染症という目に見えない脅威と負担が新たに加わったと認識しなければならない。

日本と東アジアの安全を守る名目で駐留する軍隊が、県民の命や健康を脅かす事態は許されず、基地を提供する日本政府も抜本的な対策を急ぐべきだ。》

このままでは、感染症を新たな「米軍基地問題」として認識しなければいけないことや、基地を提供する日本政府の責任にも言及した。

下地は、社会面に暮らしの視点から、この日の問題点の解説を書いた。

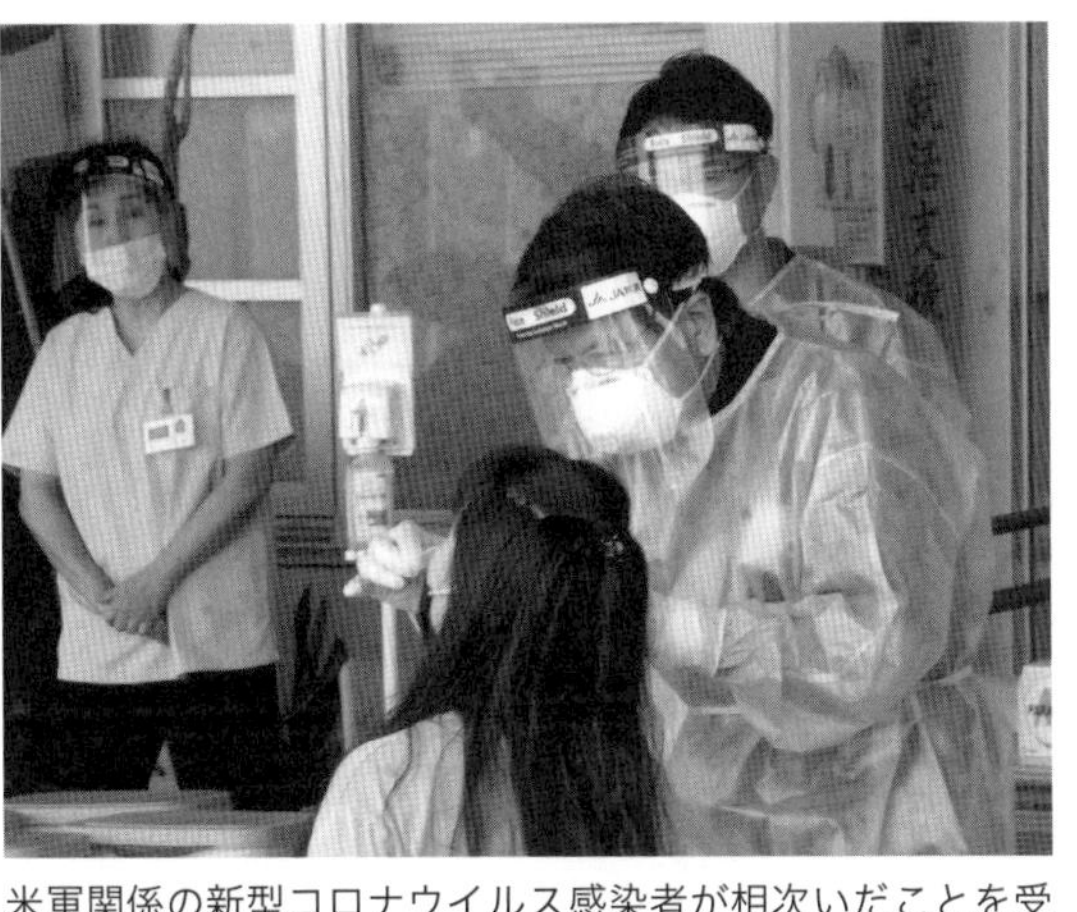

米軍関係の新型コロナウイルス感染者が相次いだことを受け、基地従業員などを対象とした臨時のＰＣＲ検査場が設けられた。2020年７月19日、沖縄県金武町

《在沖米軍基地での新型コロナウイルスの集団感染が明らかになった11日、県が「米軍との信頼関係」を理由に非公表としていた感染者数を夜になって公表した。背景にはクラーディー四軍調整官の同意があった。感染者数という感染症対策における最低限の情報の扱いさえ、米軍の「お墨付き」を必要とする県のひ弱さが目立つ。

感染者数は公表されたが、最も重要とされる感染経路や感染者の行動歴は不透明なままだ。民間の感染者と同じ程度の情報開示にはほど遠い。県が重視したいのは、県民の命か、「米軍との信頼関係」かが問われている。

沖縄という一つの島にある米軍基地での感染急増は、県民の暮らしそのものを危険にさらす。米軍の重症者を海軍病院で収容しきれなくなれば、県立病院が受け入れる事態も想定される。にもかかわらず、把握した感染者数を明かさなかった県の姿勢は、感染対策に力を注ぐ県民の信頼に背くものだ。

確かに玉城知事の言うように、一義的には米軍基地が沖縄に集中することに根本的な問題がある。しかし、一刻を争う感染拡大対策で、情報を知りながら公表しない県の姿勢を、県民目線で鋭く批評した。》

全ての紙面が出来上がった後、社会部を取りまとめる伊集は、翌日からの紙面展開に思いを巡らせながら、「ここでもまた沖縄メディアの真価が問われる」と気を引き締めていた。

この日以降、伊集の予想通り、米軍関係の感染は拡大していった。さらに、米軍関係者や基地従業員の子どもたちが学校を欠席する新たな問題も発覚し、玉城知事が「基地従業員やその家族に対する偏見や差別的な発言を絶対行わないよう、心からお願いしたい」と呼び掛ける事態に発展した。

ここで時間は3カ月さかのぼる。

2020年4月10日午後6時36分。

この日も始まりは、オスプレイチャットだった。環境問題も県民に大きな不安を与え、日常の生活や健康を脅かす。

「普天間飛行場から今日午後4時40分ごろ、泡消火剤が漏れた」。

メッセージを送ったのは、2009年入社の平島夏実（34歳）だ。沖縄本島の中部地域を管轄する中部報道部で、普天間飛行場の所在する宜野湾市を担当する。

近くのこども園の園長が撮影した1枚の写真を添付した。幅と高さがそれぞれ1メートルほどの用水路に、真っ白な泡が大量に流れていた。ただ事ではない事態が起きていることを容易に想像できた。

沖縄県ではこの日、男女7人が新型コロナウイルスに感染していることが確認された。県内の合計で50人目に達し、新聞紙面も目に見えぬウイルスへの不安で埋め尽くされていた。

平島は宜野湾市内の100円ショップの店員が新型コロナに感染したという偽情報が会員制交流サイト（SNS）で出回っているという情報をつかみ、店に問い合わせが相次いでいることなどを取材し、記事をまとめているところだった。

平島の連絡から5分後、社会部長の黒島美奈子（49歳）が返信した。

「ぴーほすは含まれているか」

普天間飛行場から泡消火剤が漏れ出た、と聞いて、「ぴーほす」という言葉が出てくるのが沖縄ならでは、である。

「ぴーほす」とは、「パーフルオロオクタンスルホン酸素（ＰＦＯＳ、ピーホス）」と呼ばれる有機フッ素化合物だ。妊娠中に長期摂取すると血中濃度が上がり、子どもの成長が遅れる「発達毒性」があるという報告のほか、発がん性が疑われている。

２０００年ごろまで、航空機用の作動油や泡消火剤などとして一般的に使われていたが、ストックホルム条約で残留性有機汚染物質として製造、輸入、使用を規制するようになった。日本でも法律で製造、使用などを規制している。

そのＰＦＯＳが、沖縄県の２０１４年から２０１５年の調査で、嘉手納基地周辺の浄水場の水から高濃度で検出された。その後の環境調査でも嘉手納基地や普天間飛行場周辺の川や農業用水、わき水から高濃度のＰＦＯＳと、それに似た性質のＰＦＯＡ（ピーホア）やＰＦＨｘＳ（ピーエフヘクスエス）が相次いで検出された。他の地域と比べ、嘉手納や普天間の近くでは高濃度で検出されていることから、米軍との関連が強く疑われてきた。

米軍は因果関係を認めていない。有機フッ素化合物を含む泡消火剤の使用は米国内でも禁止され、在日米軍も２０１６年、「有害物質リスト」に掲載した。

沖縄県は２０１６年以降、嘉手納基地と普天間飛行場での在庫量や保管状況などの立ち入り調査を何度となく申し入れているが、米軍はそれを拒否し、「日米合同委員会で協議してほしい」と下駄を預けている。

日米地位協定3条では、米軍施設・区域内の排他的管理権を認めており、日本側が立ち入りを求めても、米軍が許可しなければ、実現しない。

一方で、嘉手納基地や普天間飛行場では、使用禁止のはずの泡消火剤の誤噴射などがたびたび起きている。米軍は詳細を公表しないが、ウェールズ出身のジャーナリスト、ジョン・ミッチェルが情報開示制度で入手した内部資料で分かった。2015年5月には、酒に酔った海兵隊員が嘉手納基地内の格納庫の消火装置を起動し、泡消火剤を噴射したという、とんでもない事故原因が判明している。

ＰＦＯＳなどを含む泡消火剤３・８万リットルが漏れ出た米軍普天間飛行場の事故直後の様子。2019年12月５日

2019年12月にも、普天間飛行場内の格納庫で、消火装置の誤作動による泡消火剤の流出事故が起きたばかりだった。そのときも、米軍は「基地外へ流れ出たことを確認していない」と主張し、「重大事故」と取り扱わず、沖縄県が立ち入り調査を求めたものの認めなかった。

これもジョン・ミッチェルの取材で、米軍が情報を隠していたことが分かった。実際には、基地内で流れ出た3万8000リットル（ドラム缶190本分）の泡消火剤の一部が排水管を通じ、民間地に漏出していたことが米軍の内部資料に記載されていたのだ。

防衛省は米軍の言い分を丸飲みし、国会での答弁などで「基地外への流出は確認されていないとの情報を受けている」と繰り返した。受け身の姿勢で「問題ない」と結論づけている。

沖縄県民が「ぴーほす」の知識を深めたのは、正確な情報がない中で、自己防衛の手段ともいえる。

日が傾いていたこともあり、平島はこども園の園長に電話で取材した。園長は、「子どもたちが『トックリキワタの綿だ』と騒ぎ出したので気づいた」と冷静に教えてくれた。

トックリキワタは、南米原産で、沖縄では街路樹に使われる。10月下旬から12月上旬に「南米ざくら」の異名の通り、濃いピンク色の花を咲かせる。楕円形の実が割れ、綿が飛び出すのはちょうど春先だ。綿は風に乗って、種を遠くに運ぶ役割を果たしている。平島は「トックリキワタとは、なるほど」と感心した。

こども園の園児たちは「泡だ、泡だ」と騒いだという。園長は「新型コロナウイルスの感染予防のために普天間飛行場内を消毒し、その泡が流れてきたのではないか」と考え、園児たちには触らないように注意した。園に駆けつけた宜野湾市消防から「ＰＦＯＳが含まれている可能性があります」と聞き、驚いたという。園児１３０人を集め、一人ひとりの体調に異変がないか、健康を気遣った。

平島と同じ中部報道部の大城志織（27歳）は、米軍が１９９２年に嘉手納基地から泡消火剤を海へ放出していた問題が頭を過ぎった。半年前に明らかになったことだ。

周辺住民は27年以上、その出来事を知らされていなかった。どのように処理したのか、健康への問題はなかったのか。何も分からない。嘉手納町を担当する大城志織は、現場を歩き、憤りや不安の声を聞いた。

92年といえば、自分の生まれた年。変わらない現状に腹立たしさを感じた。

嘉手納町といえば、１９６７年に嘉手納基地から流出した航空機燃料が民家の地下水を汚染し、井戸の水が燃えた。嘉手納町民が泡消火剤の事故で「燃える井戸」を思い起こしたことも印象に残った。

大城志織は「何度も何度も繰り返されるのは問題を公表し、責任を明らかにして、次の事故を防ごうという気がないからではないか」と考える。「基地からの被害を受容する人なんて誰もいない。何年、何十年たっても変わらない基地被害が、沖縄県民の怒りの根底にある」と改めて感じた。

米軍は、普天間飛行場の泡消火剤漏出事故から約4時間後、報道各社にリリース文を発表した。「消火装置が作動し、泡消火剤が流れ出た。どれだけの量が施設の外に漏れだしたか、は不明。泡に近づいてはいけない」と記載されていた。

事故翌日の4月11日。

米軍基地を担当する「キチタン」の大城大輔は、「現場を見なければイメージがわかない」と、まずこども園に足を運んだ。週末の土曜日。何人かの子どもたちが園内にいた。周囲には車を洗浄したような細かい泡がふわふわと浮いていた。

園長は「消防から触らないでほしいと言われているけど、泡が付着した遊具や窓はどうしたらいいのか。不安でしょうがない」と戸惑っていた。

大城大輔は6年前までの3年間、平島と同じように宜野湾市の担当だった。その後、東京で防衛省や内閣府の取材に明け暮れ、２０２０年4月に「キチタン」になったばかりだった。

こども園の屋上に案内された。フェンス一枚を隔てて、普天間飛行場が広がる。オスプレイなどの格納庫もはっきりと見える。周辺を歩くと、日本の安全保障の問題が、沖縄で普通に暮らす人々の不安や戸惑いにつながっていることを再認識した。東京では味わえない感覚だった。

新型コロナの影響で、沖縄県民の多くが外出を自粛する中、泡消火剤の除去に当たっているのは宜野湾市の消防職員だった。

現場に姿を見せた普天間飛行場の司令官に、平島は食い下がった。「除去作業に責任があるのではないか」。司令官は「私にはコメントできない」と述べるだけで、立ち去った。休日返上で対応に当たった関係者の怒りは増幅した。

普天間飛行場から流れ出た泡消火剤を回収する宜野湾市消防隊員。2020年4月、宜野湾市内

政経部で、土木建築分野を担当する屋冝菜々子（29歳）は、泡消火剤が近くの川に流れ込んだことから、河川を管理する沖縄県土木建築部の担当者に対応を確認した。防具がなく、除去や回収の作業を県職員が担うことはなかなか難しいという意見だった。

日米地位協定などでは、基地から有害物質が基地外に漏出した場合、どこが責任を持って処理するのか、といった明確な取り決めはない。一方、日本の水質汚濁防止法では河川に汚染物質を流した場合、原因者が回収や費用を負担することになっている。沖縄県の謝花喜一郎副知事は「『原因者』である米軍が回収すべきだ」と、いら立ちを見せた。

基地外での米軍機の事故や不時着の場合、米軍は民間地であっても現場周辺を規制し、日本側を近寄らせない。にもかかわらず、泡消火剤の漏出では、後始末を日本側に任せている。普段から不満を募らせていた富川盛武副知事は、「こんな時だけ地元任せか」と、あきれ返った。

事故から3日後の4月13日。

週明けの月曜日とあって、防衛省の出先機関である沖縄防衛局には沖縄県議会議員や宜野湾市議会議員が抗議に訪れた。

有害物質を含む泡消火剤が、最も安全であるべき子どもたちの生活の場を汚染し、さらに川を通って、飲み水に影響が出るかもしれない。

県議や市議たちのボルテージは高まった。

「米軍は基地内で、基地の外へのさらなる流出を防ぐことに全力を尽くしていた。もっぱら宜野湾市消防が、回収作業に従事した。この点について感謝申し上げたい」

淡々と経緯などを説明する局長の田中利則に対し、国政では与党の公明、金城勉県議は「感謝申し上げたいとは、何をのんきなことを言っているんだ。原因者の米軍や基地を提供する日本政府が率先して回収、除去するのが当然ではないか」と声を荒げた。

地元の宜野湾市議は「橋の欄干や駐車中の車にも泡が降り注いでいる。今、こうしている間にも子どもたちが触るかもしれない。被害を受けたら誰が補償するのか」と怒りをぶつけた。

取材した政経部の福元大輔は、まさにその通り、これが住民の声だと何度もうなずいた。同時に、米軍は直接住民の抗議を聞く場を設けることはない。代役となる日本政府は「調査中です」「遺憾だと伝えました」と取り繕うばかり。そこに住む人たちの思いを十分にくみ取っていない、と感じた。住民の不安は高まる。誰に責任があるのか、どこに怒りをぶつければいいのか。ストレスはたまる一方だ。


泡消火剤が飛び散ったこども園では、防衛局職員11人が滑り台などの遊具、窓ガラスを雑巾で拭いていた。砂場の砂は全て入れ替えるという。園庭で作業を撮影した中部報道部の豊島鉄博（25歳）は、むなしさがこみ上げてきた。

この遊具や窓を汚したのは米軍だ。基地を提供する立場とはいえ、なぜ日本の防衛局職員が、尻ぬぐいをさせられているのか。表情を変えることなく、無言で滑り台を拭き続ける姿に、複雑な気持ちでレンズを向けた。


事故から4日後の4月14日。

現場となった宜野湾市で、市議会基地関係特別委員会が開かれた。飛び散った泡消火剤を回収しなかった米軍に不満が噴出した。

市議の一人は消防長に対し、「皆さんは米軍の姿勢を好意的には受け取っていなかったということでいいか」と質問した。消防長は「本来は、事故原因を作った米軍が対応するのが原則ではないかと私自身は思います」と言葉を選んだ。その一方、「現場作業に感情は入れません。僕ら消防が最終的な受け皿になるしかないですので」と語気を強める場面もあった。

消防長は事故翌日、泡が大量に浮かんでいた宜野湾市の宇地泊川にいち早く駆け付けた市幹部の一人だった。非常事態だ。米軍に回収を求めるという原則論だけで収束するわけがない。「けしからん、けしからんでは前に進まんよ」。現場をなだめ、市消防単独の回収作業を決断した。

沖縄の消防は米軍事故に翻弄されるたび、「住民のために」という矜持をとりでに踏ん張る。それに甘え続けていいわけがない。宜野湾市担当の平島は、市議と市当局のやりとりを取材しながら、日米両政府に対して、強くそう思った。

その後も、法的、制度的な問題は続いた。沖縄にとって「不条理」ともいえる事態が、相次いだ。

沖縄県は事故から**5日後の4月15日**、普天間飛行場内での立ち入り調査を求めた。泡消火剤の流出した場所の水や土壌などを採取し、地下水への影響などを調べるためだ。

2015年9月に日米地位協定を補う「環境補足協定」が締結されてから初めての立ち入り申請になる。地位協定には環境に関する規定がなく、沖縄県が長年改定を求めてきた。日米両政府は「補足協定」という形でそれに応えた。

補足協定第4条では、基地から基地の外への有害物質の漏出など「環境に影響を及ぼす事故」について、日本側が立ち入り調査できるように規定している。ただ、日本側の申請に対し、米側が「妥当な考慮を払う」としており、米側の裁量に委ねる部分が大きい。

米側は事故発生から11日目、沖縄県の申請から6日目の4月21日に、県と宜野湾市の立ち入りを認めた。沖縄県などは基地の外に向かって流れる水路3カ所から調査用の水を採取した。

一方、地下水への影響を調べるために必要な土壌のサンプリングは認められないまま、米軍は4月24日、土壌の表面をはぎ取った。

国と沖縄県は5月1日に、土壌の採取を認められたが、米軍が表面をはぎ取った後の下の部分だった。米軍は、はぎ取った表面の土壌５００グラムを沖縄県に提供したものの、それが本物か、どうかの根拠はない。十分な調査はできなかった。

環境を守るために、その責任を負う沖縄県や市町村などの行政が、フェンス1枚を隔てた基地の中を調査することは不可欠だが、思うように調査できない。

社会部で環境問題を担当する山城響は「事故から11日目では遅すぎる。環境汚染のサンプリング調査は濃度が高い時に実施するのがより効果的であり、沖縄県民の命と健康を守るために、米軍の裁量に左右されることなく、日本側が迅速に調査する担保が必要だ」と環境補足協定の不備を指摘した。

玉城デニー知事も、立ち入り調査が初めて認められたことを評価しながらも、「抜本的に問題を解決するには、日本の国内法を米軍に適用するなど日米地位協定の改定が必要だ」と訴えた。

米軍が排他的管理権を持つことで、日本の行政権が制限されている現状を、沖縄では日々突き付けられている。

全国の米軍専用施設面積の70・3％が集中する沖縄では、米軍関連の事件、事故が繰り返され、そのたびに日米地位協定の問題など、大きな壁にぶつかる。

泡消火剤の漏出事故から1カ月後。２０２０年5月12日には、沖縄本島中部の北谷町の外貨両替店に外国人２人組が押し入り、刃物で店員を脅し、日本と米国の紙幣で計６９０万円を奪って、逃走した。

現場に駆けつけた入社２年目、中部報道部の仲村時宇ラ（23歳）は、店内にいた女性店員から話を聞いた。女性は「ドンというあり得ない音を聞いて、トイレに隠れた」と恐怖を隠しきれない様子だった。

事件発生から3日後、米軍が嘉手納基地所属の陸軍兵と軍属の男２人を容疑者として拘束していることが分かった。

日米地位協定17条5項Cでは、米軍関係の容疑者で米側が先に身柄を拘束した場合、起訴するまで米側が引き続き身柄を拘束することになっている。つまり、日本側が起訴するまで、身柄は米側にあり、日本側は逮捕できない。

１９９５年に、①「殺人や強姦（ごうかん）」という凶悪犯罪では、日本側が起訴前の身柄引き渡しを求めれば、米側が「好意的な考慮」を払う、②日本側が重大な関心を有する場合、容疑者の身柄の移転について日米合同委員会に提起する――ことで合意した。２００４年には②の「重大な関心」について、「いかなる犯罪も排除しない」ことに、口頭で合意している。

殺人や強姦に限らず、日本側が「重大な関心」を持てば、身柄の引き渡しを求めることができるという意味になる。

刃物を突き付け、大金を奪う強盗は、周辺住民を恐怖に陥れた。「重大な関心」を有する犯罪であり、日本側が身柄引き渡しを求めることができたはずである。しかし、沖縄県警は、逮捕状を請求しなかった。米軍の協力のもと、米軍関係者が容疑者2人を基地内から警察署に連れ出し、事情聴取後に警察署から基地内へ連れ帰るという捜査を続け、2週間後に書類送検、その5日後に起訴した。通常ではあり得ないスピードだ。

これには伏線がある。

95年以降、沖縄県警は98年の女子高生ひき逃げ死亡事件や2001年の連続放火事件で、いずれも米軍が身柄を拘束した米兵容疑者の逮捕状を取り、身柄引き渡しを要請した。しかし、米軍は逮捕の同意を拒否した。日本政府は身柄引き渡しに必要な日米合同委員会の開催を、米側に要求しなかった。

その後の強盗致傷事件や強盗事件で、沖縄県警は逮捕状を請求せず、米側に身柄の引き渡しを求めないケースが続いている。

捜査関係者は「逮捕しなくても事件送致できる」と捜査に支障はないと強調する。しかし、どのように容疑者を拘禁しているか、肝心な情報を米軍は明かしていない。

2003年11月に宜野湾市で起きた強盗致傷事件では、容疑の2米兵の身柄を確保した米軍は、一定の場所にとどまることを命ずる「禁足処分」を講じただけで、拘禁施設に収容しなかった。裁判での検察側の質問に、米兵自らが基地内の体育館や売店に行ったことを認め、「2人でビデオを見ながら事件のことを話した」と証言した。証拠隠滅につながりかねず、高裁判決では米軍の対応を批判する異例の内容が盛り込まれた。

沖縄県警担当や基地担当を経験した政経部の福元は、1972年に沖縄が日本に復帰するまでの米軍統治下で苦労した警察官の話を思い出す。

米軍関係者の犯罪ではまともな捜査ができず、基地内に逃げ込んだ米兵がそのまま本国に帰国することもあった。日本へ復帰すると、今度は日米地位協定に捜査を阻まれるようになった。「容疑があれば、日本人と同様に逮捕し、捜査する努力を惜しまない。米軍が拒否するか、どうかは別として、身柄の引き渡しを求めるのは当然だ」と語っていた。

時は流れ、身柄の引き渡しを求めず、書類送検後に、起訴という構図が常態化しつつある。福元は「身柄引き渡しを求めることはできるのに、日本側が外交や政治の問題にしないために自主規制しているように感じる。水面下で調整しているのではないか」と勘繰った。

現場を見た仲村は、「必ず逮捕しなければ、捜査できないということではないだろうが、少なくとも同じ事件を犯した日本人容疑者との取り扱いに違いが出る。米側の協力を前提とする、もっといえば米側の協力がなければ成立しない捜査をみていると、日本は本当に主権国家なのか」と強く思った。

2　沖縄「基地白書」

（1）「基地白書」への序章

✹「基地に反対」は何％？

沖縄で暮らしていると、沖縄県外から訪れた人に「沖縄の人は基地に反対が何％で、賛成が何％ですか」と聞かれることがよくある。実際にアンケートや世論調査をしたことはなく、その数字を出すのは困難だ。

沖縄の米軍基地は、沖縄戦で米軍が本土への出撃拠点を構築するために奪った土地が多く、沖縄本島や伊江島などに広く点在しているという特徴がある。

米軍専用施設の面積を合計すると約1万８５００ヘクタールで、東京ドーム４０００個分以上の広さになる。そこに31施設がある。その他、沖縄本島周辺に訓練空域が20カ所、計９５４万ヘクタール、訓練水域が27カ所、計５５０万ヘクタールに及ぶ。

何に反対しているのか、なぜ反対しているのか、はそれぞれの住む地域、それぞれの事情によって異なるのだ。そこが沖縄の米軍基地問題の難しさなのかもしれない。

新聞記者として、現場を歩いていると、米軍基地全体に反対しているのではなく、「せめて、これくらいはやめてほしい」という要望さえ、聞き入れてもらえないことに対する憤りや不満が渦巻いていることがよく分かる。

沖縄県外で伝えられることのないような、「小さな怒り」や「小さな不満」が積み重なり、その最大公約数が県外の人には「米軍基地反対」と写っているのではないだろうか。

✺なぜ「基地白書」なのか!?

政経部キャップの福元大輔と、社会部キャップの伊集竜太郎は、ともに政経部に所属していた２０１７年末、新年から始める企画を考えていた。

２０１７年末の沖縄の政治状況は、普天間飛行場の名護市辺野古移設問題に覆われていた。２０１３年12月に当時の仲井真弘多（なかいまひろかず）知事が、名護市辺野古の海を埋め立て、新基地を造る工事を承認した。翌14年の知事選で、埋め立て工事に反対する翁長雄志（おながたけし）氏が仲井真氏を大差で破って初当選した。しかし、政府は民意を顧みずに、埋め立て工事を強行した。政府と沖縄県の対立は深まっていた。

全国的に「普天間飛行場の移設問題」「辺野古の新基地建設問題」と騒がれた。しかし、移設計画の何が問題で、沖縄県民は何に反対しているのか、という理由は必ずしも理解されているようには思えなかった。むしろ、沖縄の問題が矮小（わいしょう）化されているようにも映った。

普天間飛行場の面積は４８０ヘクタール。沖縄の米軍基地全体の2・5％にすぎない。それを辺野古に移設する計画がクローズアップされる一方、その他の97・5％の問題はなかなか全国的には取り上げられなかった。

安倍晋三首相や菅義偉官房長官は口を開けば「普天間の危険性を除去する」と説明する。9・5万人の住む宜野湾市のど真ん中に位置する普天間飛行場を、海を埋め立てた辺野古に移せば、危険性は除去できるという理屈だ。

「辺野古への移設が唯一の解決策だ」。首相や官房長官の言葉は、沖縄問題を「普天間を辺野古へ移設する問題」に閉じ込め、残り97・5%に国民の目が向くのを妨げる呪文のようにも聞こえた。

沖縄県民にとって、普天間飛行場の危険性を除去するのは当たり前で、喫緊の課題であるということは言うまでもない。しかし、単にそれだけにとどまらない。

沖縄県民は「これ以上の基地負担を受け入れられない」と訴えている。では、「これ以上」の「これ」とは何か。「これ」を、ひもとかなければ、辺野古移設に沖縄県民が反対している理由が伝わらないと考えた。

沖縄には米軍の陸、海、空、海兵隊の四軍が駐留する。軍種のほか、飛行場か、射撃場か、など基地の使い方によっても、その周辺に住む人たちの被害や負担は異なる。そんな沖縄県民の疑問や怒り、不満や不安をかき集め、点と点を結んで、面を広げ、可視化することで、閉じ込められていた「沖縄問題」の理解につながると考えた。

福元と伊集の問題意識はそこに集約された。

連載のタイトルは「沖縄・基地白書」に決まり、読者にはこう説明した。

『全国の「米軍専用施設面積」の7割以上が集中する沖縄では、名護市辺野古の新基地建設以外にも騒音や、墜落の危険性などさまざまな問題を抱えています。政府の防衛白書や外交青書といった国防、外交の視点ではなく、住民目線で沖縄の米軍基地を検証します』

社内では「新味がない」と異論や反対もあった。また、政治や行政の課題を扱う政経部が、住民被害の実態を取材することは畑違いではないか、という指摘もあった。

しかし、「沖縄は我が国のシーレーンに近く、極めて重要な位置にある……」といった防衛省、外務省のこなれた表現ではない。沖縄問題を伝えるには、基地周辺での生活の実態や住民の言葉こそが重要と考えた。日本と極東アジアの平和と安定を守る名目で駐留する米軍が、沖縄の人々に与える被害、負担を伝えることは日本の安全保障の在り方を問い掛けることにもなる。

沖縄県民にとっては、古くからの当たり前の問題かもしれないが、辺野古移設問題が膠着化する今だからこそ、逆に新味がある。

福元と伊集は、沖縄本島の中でも米軍施設や訓練場の集中する北部支社に勤務した経験がある。米軍と隣り合う人々の暮らしを取材し、その声を聞いてきた。「政治や行政ではない、現場を歩く沖縄の新聞記者だからこそできることを、ためらわずにやろう」――そう決断した。

(2) 沖縄「基地白書」

①「また落ちる」恐怖【名護市安部】

「沖縄・基地白書」の初回に、伊集竜太郎（42歳）が選んだのは２０１６年12月13日に、普天間飛行場所属のオスプレイが墜落した沖縄県名護市安部（あぶ）の集落だった。この事故で、当時名護市の北部支社に勤務していた伊集は、報道関係者としてだけでなく、日本側では誰よりも早く現場に駆けつけた。安部の集落から約８００メートルの海岸だった。

宜野湾市の普天間飛行場から安部の海岸まで直線距離で約45キロ。沖縄本島東海岸には米海兵隊が訓練で使用するヘリパッドが50カ所近くあり、夜間の離着陸訓練のほか、沖合では空中給油機からの空中給油訓練が頻繁に行われていた。

伊集は事故翌日にルポを書いた。

・オスプレイ墜落現場

「おかしい。ヘリが2、3機、海面をライトで照らして飛んでいる。訓練ではないかもしれない」

13日午後10時すぎ。「ヘリが集落を旋回している」という安部区民の連絡を受けて同区に向かった同僚の西江千尋記者から、一報が入った。（名護市に隣接する）宜野座村での夜間訓練の取材を終えたばかりだったが、同じ違和感を覚え、安部に向かった。

同11時35分。本社から「本島東海岸にオスプレイが着水したようだ」との連絡。その後「津堅島沖」「浜比嘉島沖」などと携帯メールが鳴り続け、情報は錯綜（さくそう）した。現場がどこなのか、雲をつかむような話だった。

14日午前0時すぎ、安部集落のすぐ脇の海岸に着いた。月明かりの下、海岸北側に広がる岩場がぼんやりと見えた。干潮で滑る岩場や水たまりを進むと、岩ではない影が一つ。「まさか」。黒い影に夢中で

名護市安部の海岸に墜落したオスプレイ。2016年12月

シャッターを切り、画像モニターを見た。身震いと怒りが一気に込み上げた。墜落したオスプレイの残骸（ざんがい）だった。

記者は私一人だけ。海面には数個の明かりが見えて、米兵の捜索だと想像できた。とっさに２００４年の沖縄国際大学ヘリ墜落での米軍によるメディア規制が頭をよぎる。「撮影を知られたら、メモリーカードをよこせと言われるかもしれない」

0時45分ごろ、本社から「写真を送れ」との指示が届くが、携帯もパソコンも電波がつながらない。いったんその場を離れ、端末の光で米兵に気付かれてはいけないと、岩場に隠れて写真を何枚も送信した。

捜索で飛んできたヘリのライトに照らされ、思わず岩場に身を隠しながら、さらに近寄った。海に入り午前2時40分ごろまで撮影を続けていると、報道陣も集まっていた。海上保安庁と沖縄県警、米兵ら約20人が到着すると、「ここから下がって」と取材規制が始まった。

報道陣はひとまず下がったが、私は「規制の根拠は何か」「米軍の指示での規制なのか」と問いただした。目の前の警察官は「本部に聞いて」とだけ。そばの米兵に、拙い英語で「ここは沖縄だ。基地じゃない。なぜだ」と聞いても何も答えない。

潮が満ちてくる中、報道陣と警察との押し問答が続く。「飛行機に毒物があるかもしれないから」と話す警察官もいた。規制に従わない報道陣に、米兵はあきれているようにも見えた。

集落の国道一帯と、海岸に向かう路地も警察が一時規制。現場には、（ヘリパッド建設で住民たちが座りこみを続けていた）東村高江で警備に当たる県外も含めた100人を超える機動隊が入り、一時騒然となった。

「起きるべくして起きた」と、米軍ヘリの訓練で騒音被害を受ける人たちは異口同音に語る。危険性を肌で感じるからこそだ。一夜明け、米軍は決まり文句のように「安全が確認されるまでの一時飛行停止」を発表した。裏を返せば、墜落当事者の米軍が「安全」と判断すれば飛行を再開するということだ。

在沖米軍トップは「県民や住宅に被害を与えなかったことは感謝されるべきだ」とも言った。県民意識とのあまりの乖離（かいり）に頭に血が上り、悔しくて涙が出た。

・米軍機、やまぬ事故

1年後、約120人の暮らす集落は、いつものように静かだった。しかし、この1年余りの間に、沖縄では米軍機が民間地などに不時着する事故が25件、部品落下事故が6件発生していた。

集落の女性は、安部で起きた重大事故によって「運用が改善され、事故は減るかもしれない」と期待を抱いていたが、見事に裏切られた、と伊集に語った。

そのころ、米国の連邦議会では、オバマ政権で国防予算や兵士の数が削減された一方、トランプ政権では北朝鮮の核やミサイル開発への対応を含め、任務が増えた、と海兵隊が窮状を訴えていた。シンクタンクの報告では、兵士や整備士が疲弊しているほか、予算削減で部品が不足し、整備が間に合わず、海兵隊が保有する全航空機の4割程度しか飛行できないため、特定の航空機に負担がのしかかり、事故のリスクが高まっているというのだ。

2004年8月の沖縄国際大学への海兵隊ヘリ墜落事故でも、同じようなことが起きた。沖縄からイラクへの派兵に備え、整備士が17時間の勤務を3日間続けたところ、ヘリコプターの本体に尾翼を固定するピンを付け忘れ、事故が起きた。米軍は調査結果を報告した。

国際情勢が、沖縄の訓練に直結し、事故にもつながっている。

名護市が設置する「航空機等騒音測定装置」で、オスプレイの墜落事故のあった安部では、63デシベル以上の騒音発生は、墜落事故のあった16年度に779回が計測された。年度統計のある11〜16年度では最多となった。

伊集が話を聞いた女性は、安部でのオスプレイ墜落事故後、集落付近を米軍機が飛行すると、動悸がひどくなった。県内の他の地域で不時着したものと同じ機種のヘリが集落上空を旋回したある日、とっさに娘に「また落ちる」と電話した。「この音、聞こえるね」と、携帯電話を空に向けて掲げた。「もう、こんな恐怖は耐えられない。安部から出て行きたい」。伊集につらい胸の内を語った。

住民の不安は高まるが、米側の反応は異なる。

安部の墜落事故で、当時の在沖米軍トップ、ニコルソン四軍調整官は「県民や住宅に被害を与えなかったことは感謝されるべきだ」と発言した。どれだけ事故を起こしても、数日後には米軍が「安全を確認した」と宣言し、日本政府は追認し、訓練を再開する。

「いつかまた落ちる」。1年前の墜落事故で悔し涙を流した伊集は、収まるどころではない怒りを、連載1回目に刻んだ。

②村内全域、夜間も騒音【宜野座村】

伊集が、連載2回目で取り上げたのは、沖縄本島北部に位置する宜野座村だ。

夜。米軍ヘリのプロペラ音が聞こえなくなったと思ったら、今度はオスプレイ特有の重低音が地鳴りのように家屋を振動させる。小さな集落が受けている被害は沖縄県内でも広く知られていない。

米軍機は闇の中を、爆音をとどろかせて無灯火で飛んでくる。伊集は初めて現場を取材した時、かすかに見える機影と体中に響くとてつもない音に、正直、恐怖心を覚えた。

50代の男性は「何十年と悩まされている。おかげで音を聞けば機体を把握できる」と苦笑しながら語った。

村内では2013年8月、米軍ヘリが墜落、乗員1人が死亡した。現場が飲料用ダムの近くで、村は約1年間、ダムからの取水を停止した。

村の南側、城原区でも、集落に近いヘリパッド「ファルコン」を使った訓練で、騒音被害が続いている。戦車などを敵地に運び込む訓練のために、ヘリやオスプレイにロープでコンクリートブロックをつり下げ、民間地上空を飛行する。

村や議会などは、民間地に近いヘリパッドの閉鎖や撤去のほか、つり下げ訓練の即時中止、住宅地上空での飛行訓練と低空・夜間飛行の中止など求めているが、米軍が止めることはない。

「18時30分　オスプレイ2機　ハリコン着陸　2機同じに離陸するのでバク音がものすごくパチパチとひどい音　村の測定器で100・9デシベルを記録　離着陸の繰り返し　約30回　異状」（原文のまま）。

城原区に住む泉忠信さん（87歳）が5年以上書き続けているメモだ。2012年10月のオスプレイの沖縄配備以降、自宅から約380メートルの場所にあるヘリパッド「ファルコン」での米軍機の訓練時刻などを克明に記している。

泉さんは奄美大島出身。仕事を求め、沖縄に来た。城原区の広がる原野に「子どもを伸び伸び育てられる」と思ったが、生活環境は、オスプレイ配備で激変した。オスプレイのプロペラ音で家屋が揺れると泉さんは、簡易型騒音測定機を持って外に飛び出す。自宅上空などを午後10時以降も無灯火で旋回する。自宅2階の部屋の電気は付けっぱなし。「人が住んでいます」と操縦士に伝えるためだ。

住宅の真上を飛ぶ米軍ヘリ。宜野座村内

60デシベル以上の騒音を2016年度に7866回も計測。そのうち午後10時～翌午前7時までの騒音は226回だった。「米国や東京で同じようなことをするのか」と泉さん。「今更どこにも行けない。一緒に暮らす子や孫に申し訳ない」と、こぼすことも。

記録を取り、被害を訴え続けるが、訓練がなくなることはない。「何のために」と思うときもある。でも、書かないと被害がなかったことになる。伊集は泉さんの気持ちが痛いほど分かる。その被害を少しでも多くの人に届けたいと、現場に向かう。

③「危険」と隣り合わせ【東村高江】

沖縄本島と伊江島には、米軍の使用するヘリパッドが88カ所ある。そのうちオスプレイが使用するのは72カ所、米軍が「戦術着陸帯」と呼ぶヘリパッドは52カ所で沖縄本島北部と、伊江島に集中している。敵地への上陸作戦を任務とする海兵隊は陸上のヘリパッドでの訓練が欠かせない。そのため、広範囲で民間地に墜落や不時着、部品落下の危険性がつきまとう。

沖縄本島北部の北部訓練場に隣接する東村高江区は、那覇市から直線距離で約80キロ、車で2時間ほどの場所にある。人口約150人。北部訓練場のヘリパッドを使用する米軍ヘリやオスプレイの飛行により、集落上空では月に1000回近くの騒音が確認される。

2017年10月、集落から少し離れた民間の牧草地に普天間飛行場所属のCH53E大型輸送ヘリが不時着、炎上した。

東村高江は北部訓練場の半分以上を返還する条件に、集落を取り囲むように6つのヘリパッドを建設する日米両政府の計画に反対し、住民が座り込みなどの運動を続けてきた現場だ。

2016年に日本政府が東京や大阪など沖縄県外から大量の機動隊員を動員し、座り込みの住民らを排除し、6つのヘリパッドの建設を強行したことで知られる。

民間地での不時着、炎上事故は、集落近くにヘリパッドを造る危険性を訴え続けてきた住民らの不安を現実のものとした。

墜落現場の牧草地を所有する西銘晃さん（64歳）を取材したのは、当時入社2年目だった政経部の比嘉

民間の牧草地で炎上し、大破した大型輸送ヘリ。2017年10月、東村高江

桃乃（27歳）だ。

事故から3カ月後。豚のふん尿をまき、丹精込めて整備してきた牧草地に雑草が生い茂っていたのが痛々しかった。

晃さんは幼い頃から米軍基地と隣り合わせの生活を送ってきた。高江小学校では、朝礼中の校庭に突然、米軍車両が入ってきたことがある。成人してからも、自宅の前に「USMC（アメリカ海兵隊）」と書かれた訓練区域を示す標識を勝手に置かれ、国に撤去させた。事故と重ね合わせ、晃さんは「米軍は自分たちの土地だと思っているんじゃないか」と不快感をあらわにした。

事故の2日前、孫たちは牧草地近くの池で遊んでいた。「孫たちが遊んでいる時に落ちていたら」――晃さんの妻、美恵子さん（63歳）は時間の経過とともに、恐怖感が湧き起こってきた。

少し先の北部訓練場内にヘリパッドがあるのに、なぜ牧草地に不時着しなければならなかったのか。

米軍からの説明はなかった。

米軍は事故後、沖縄県警や沖縄県の立ち入りを制限し、牧草地の土壌を勝手に持ち去った。日米で合意した航空機事故ガイドラインには、事故機周辺を規制することはできても、土壌など民間の所有物の持ち去りは一切認めていない。

現場にはマスコミも、所有者の西銘夫妻さえ、近寄ることができなかった。西銘夫妻は、自宅の屋根を開放し、こう依頼した。「この異常さを日本中に伝えてください」

高江集落を取り囲む6つのヘリパッドは、北部訓練場の約4000ヘクタールを返還するために、返還する場所にあるヘリパッドを返還しない場所に移す作業と、日本政府は説明してきた。

しかし、米海兵隊はアジア太平洋地域での基地運用計画の中で「51％の使用不可能な土地を返還する代わりに、新たな施設を設け、土地の最大限の活用が可能になる」とヘリパッド建設の意義を強調していた。つまり、広大な訓練場の使わない部分を返して、新型機オスプレイの訓練に使える新しいヘリパッドを手に入れるというのが米側の狙いだった。

那覇市で生まれ育った比嘉桃乃はこれほどの基地被害を体験したことはない。静かに暮らしたいと願う住民と、日米両政府の思惑に頭がくらくらするような思いで、那覇市に戻る片道2時間、車のハンドルを握った。

④「米軍の論理」優先【名護市久志】

「沖縄・基地白書」を始めようと提案した政経部の福元大輔が真っ先に向かったのは、名護市久志だ。

普天間飛行場の移設先とされる名護市辺野古に隣接する地域。米軍キャンプ・シュワブとキャンプ・ハンセンの間にあり、そこに住む森山憲一さん（75歳）は「海兵隊の交差点」と呼ぶ。シュワブとハンセンで計32カ所のヘリコプター着陸帯（ヘリパッド）がある。空には境界線がない。訓練場から訓練場へ移動する海兵隊ヘリにとって、まさに交差点だ。

森山さんが撮影した動画を見せてくれた。

自宅の目の前の海を水面ぎりぎりで低空飛行するＨＨ60救難ヘリが、水しぶきを上げながら急上昇。集落を越え、山裾のヘリパッドに着陸していった。

「これは敵地で航空機事故が発生したことを想定した訓練。救難ヘリだが、敵のレーダーに捕捉されない低さで侵入し、事故機の乗員らの救助に向かう」

オスプレイが着陸した瞬間には、訓練場内で土煙が舞い、いや応なしに民間地を包み込んだ。

自宅屋上で撮った映像では、オスプレイが旋回し、国立沖縄高専の校舎裏側で離着陸を繰り返していた。

「わざわざ学校周辺でやらなくても、という理屈は通じない。この辺で一番高い高専の校舎は、都合の良い障害物でしかない」

名護市によると、久志では63デシベル以上の騒音が年１２００〜１５００回発生する。

森山さんは「1日平均では少ないように思うが、訓練は集中する上、昼夜を問わない。低空飛行だと墜落、つり下げ訓練だと落下の恐怖がある」と数字以上の負担を感じる。

森山さんは、２０１６年に名護市安部でオスプレイが墜落した際、名護市議会の米軍への抗議に通訳で同行。「危険な訓練を止めるべきだ」と訴えた市議に、海兵隊大佐はこう言い放った。「危険だからこそやらなければならない」。軍の論理がまかり通る。森山さんは「住民が人間扱いされない。そんな地域が日本中のどこにあるか」と吐き捨てた。

福元は、巨大な権力に対し、地元住民ができることを考え、動画で証拠を残し、被害を訴えているにも関わらず、危険な訓練が止まない現状にやるせなさを抱いていた。

⑤負担減らず、機能強化【伊江島】

伊集が訪れたのは伊江島だ。那覇市から車で約1時間半の本部町で船に乗り換え、約30分間で到着する。伊江村の名嘉良雄さん（69歳）と初美さん（67歳）夫妻から、15年以上前の出来事を聞いた。

2002年10月25日夕。初美さんは薄暗い中、約50メートル先で聞こえた大きな物音に驚いて振り向いた。その場所に向かうと、そこにあったのは上空の米軍機から民間地に落下したポリタンクや、開かないまま落ちたパラシュートだった。

1996年12月の日米特別行動委員会（SACO）最終報告で、読谷補助飛行場で実施していたパラシュート降下訓練を伊江島補助飛行場に移転することが盛り込まれた。本土復帰以降、伊江島補助飛行場では兵士や物資を含めたフェンス外への落下が39件。そのうちSACO合意後に32件発生している。

「当たれば即死だった」と良雄さん。米軍がポリタンクを回収したが、「全部持って行かれたら、落下自体がなかったことになる」とパラシュートを一時自宅に持ち帰った。

名嘉さん夫妻は補助飛行場に隣接する西崎区に住む。自宅は輸送機の飛行ルートで、「屋根に棒を立てたら届くんじゃないかと思うほどの低さ」で飛んでくる。タッチ・アンド・ゴー訓練は午後11時ごろまで続けられる時がある。

伊江島は、沖縄戦での激しい地上戦や「集団自決（強制集団死）」、戦後は米軍の「銃剣とブルドーザー」による土地の強制接収などが起きた「沖縄の縮図」だ。

米海兵隊は、軍事力を増す中国に対し、海上での優位が前提ではなくなる中、小規模の部隊で要衝となる地点を一時的に占拠し、ミサイルやセンサーの配備地、戦闘機の出撃や給油の拠点にすることで、潜在敵国の海洋進出を阻止したり、米軍の制海権を確保したりする新たな「軍事戦略」を取り入れている。その訓練でより重要性を増すのが伊江島といわれる。

伊江島補助飛行場内の強襲揚陸艦の甲板を模した着陸帯「ＬＨＤデッキ」は２０１８年11月に完成した。面積を５万３８９０平方メートルから10万７１４０平方メートルと2倍に拡張。もともとの着陸帯はアルミ板だったが、米軍機の激しいジェット噴射に耐えられるよう、一部に耐熱特殊コンクリートを使用している。

パラシュート降下訓練で民間地の畑に落下した米兵。2017年１月、伊江村内（名嘉實さん提供）

海兵隊の最新鋭ステルス戦闘機Ｆ35Ｂに加え、空軍のＣＶ22オスプレイも収容できる駐機場を整備する計画が、伊集の独自取材で明らかとなった。住民は明らかな機能強化だと批判する。

補助飛行場周辺に住む60代の男性は、思い出すのは小学生時代。戦闘機が低空で訓練し、「あまりの怖さでトイレに1人で行けなかった」と振り返る。

Ｆ35戦闘機が伊江島で訓練を始めた２０１８年12月から２０１９年２

月の3カ月間で、飛行場に近い畜産農家6戸のうち、4戸で9頭の牛が死んだ、と伊江村議会で報告された。他の地域と比較し、死産や流産が相次いだ。首と足にロープが絡んだ状態で牛1頭が死んだという農家の男性は、「騒音でパニックになったのかもしれない」と、因果関係の究明を求めていた。

⑥集落上空が飛行ルート【伊計島、読谷村】

米軍が訓練場から訓練場への移動などに使う飛行ルートはだいたい決まっている。

本島中部東海岸に位置するうるま市の伊計島では、度重なる米軍機事故に島の暮らしが脅かされていた。上空が飛行ルートになっていることが原因だった。

人口約260人ののどかな島にヘリや戦闘機の音が断続的に響いた。「なんで集落の上を飛ぶのかね。東の浜の方を飛べばいいのに……」。西宮貞子さん（92歳）によると、夜9時を過ぎても毎日のように米軍ヘリが集落上空を通過するという。

2018年1月、不時着に抗議する集会で西宮さんは壇上に立った。「年寄りは一度起きたら眠れなくなる」と静かな暮らしを求めたが、現状は何も変わらなかった。

島には2017年1月、農道にAH1Zヘリ、翌18年1月にはUH1ヘリが東海岸に不時着した。2月には西海岸「大泊ビーチ」に、MV22オスプレイから脱落した大きな部品が流れ着いた。

伊計島は米軍普天間飛行場と北部訓練場の直線上に位置する。島の東北には複数の訓練空域が広がり、普天間飛行場や嘉手納基地から飛び立ったヘリや戦闘機が頻繁に飛来する。

伊計自治会の玉城正則会長によると、訓練を終えたヘリは島を迂回（うかい）せず、集落上空を真っすぐ飛んでいく。

海中道路でつながる二つ隣の平安座島には石油備蓄基地がある。自治会としても、同基地周辺や島の上空を飛ばないよう何度も沖縄防衛局に要請してきたが改善されていない。「犠牲者が出ないと動かないのか、住宅に落ちても我慢しろというのか」と、玉城会長は語った。

取材した嘉良謙太朗（26歳）は石垣島出身だ。同じ離島だが、島内に米軍基地はなく、米軍がらみの被害を経験したことはない。声を上げにくい環境でしっかりと声を上げる玉城会長の姿に、静かな怒りをヒシヒシと感じた。

伊計島の海岸に不時着した米軍UH1ヘリ。近くに住宅地がある。2018年1月、うるま市（小型無人機から）

伊計島とは反対側、沖縄本島西海岸の読谷村儀間の一般廃棄物最終処分場にも2018年1月8日、普天間飛行場所属のAH1Z攻撃ヘリ1機が不時着した。伊計島に不時着したわずか2日後だった。

「米軍機の騒音をそこまで感じることはない地域」と、儀間自治会の知花辰樹会長（43歳）は語る。過重な基地負担ゆえの「危険」を当事者として受け止めた。

儀間区は沖縄戦で、米軍によって土地が強制接収された地域の一つ。米軍が本土攻撃用の基地としてボーローポイント飛行場を建設するためだった。今回の不時着現場を米軍はプレスリリースで「ボーローポイント」（Ｂｏｌｏ　Ｐｏｉｎｔ）と表記した。返還された民間地に、占領当時の呼称を使った。

読谷村などは「まだ占領中のつもりか」「自由に使っていい自分たちの土地だと認識しているのではないか」と批判した。

事故の２日後、米ハワイで小野寺五典防衛相と会談したハリス米太平洋軍司令官は、２つの事故を「一番近い安全な場所に降ろす措置に満足している」と称賛した。米海兵隊トップのネラー総司令官は、ワシントンでの講演で、沖縄で米軍機の事故が相次いでいる状況を「予防着陸でよかった」と述べた。

地元の認識との隔たりは大きい。

⑦射爆撃場に近く、被害たびたび【渡名喜島、久米島】

「米軍基地のない渡名喜島にも足を運ぼう」。福元は、沖縄の基地被害を立体的にとらえるために必要と考えた。

沖縄本島の西側に位置し、２０１８年1月23日夜、普天間飛行場所属のＡＨ１Ｚ攻撃ヘリコプターが不時着していた。

２日後の衆院本会議で、当時の松本文明内閣府副大臣（自民）は、沖縄で米軍ヘリの不時着事故が相次いでいることへの対応についての質問中に「それで何人が死んだんだ」とやじを飛ばした。

福元は「何人かが死なないと対応は変わらないのか」と戸惑った。

米軍ヘリは島内の急患搬送用ヘリポートに約15時間駐機した。集落から３００メートルしか離れていな

オスプレイの機体から鳥島射爆撃場に向け射撃訓練する米海兵隊員。
2013年３月（米海兵隊提供）

い。

渡名喜村によると、島内への不時着は、１９７２年以降で８回目。米軍機が飛来する原因は、西方４キロ沖にある出砂島射爆撃場（入砂島）での訓練だ。

嘉手納基地や普天間飛行場から飛来する航空機が、地上への射撃や爆撃を繰り返す。夜間に照明弾で周囲を照らすなど、戦場さながらの光景だ。復帰前には１００キロ爆弾を撃ち込み、振動で住宅の赤瓦が割れる被害もあった。

２０１５年には米軍機がミサイル発射装置や燃料タンクなど計２０８キロの装備品を沖合に落下させる事故が発生した。

西隣の久米島でも２０１５年5月に島内の農道に嘉手納基地所属のＨＨ60救難ヘリ、17年6月に久米島空港に普天間所属ＣＨ53Ｅ大型輸送ヘリが不時着するなど、米軍機の事故、トラブルが相次いでいる。

久米島にも米軍基地はないが、周囲に久米島射爆撃場、鳥島射爆撃場があり、航空機に不具合が生じた場合、飛来することがある。

鳥島では１９９５年12月から翌年1月にかけ、劣化ウラン弾合計１５２０発が投下され、大問題に発展した。

沖縄県によると、沖縄本島周辺には出砂島、久米島、鳥島、沖大東島のほか、使用頻度の低い赤尾嶼、黄尾嶼の６カ所に米軍の射爆撃場が設定されている。

本物の爆弾を落とせる射爆撃場は日本周辺で沖縄にしかない。さらに訓練空域や水域が広範囲に張り巡らされ、米軍にとって最良の訓練場所だ。

在日米軍を監視する市民団体リムピースの頼和太郎編集長は「地上からの攻撃を想定し、敵のミサイルをよけるなど激しい動きで飛行することもあり、機体トラブルにつながる可能性が高くなる」と分析する。

沖縄では米軍基地のない島々も、危険と無縁ではない。

⑧「世界一危険な米軍施設」【普天間飛行場とオスプレイ】

２０１７年12月7日、普天間飛行場の北側に位置する宜野湾市野嵩の緑ヶ丘保育園で大きな音が鳴り響いた。

「ドン、ガガガガ」

1歳の子どもたちが遊ぶ部屋のトタン屋根に落ちたのは高さ約９・５センチ、直径約７・５センチ、厚さ約８ミリの円筒だった。「ＲＥＭＯＶＥ　ＢＥＦＯＲＥ　ＦＬＩＧＨＴ」（飛行前に外せ）と英語表記の赤いラベルが貼られていた。

落下の数分前、沖縄防衛局の離陸調査では滑走路から保育園の方向にCH53E大型輸送ヘリが離陸していた。けが人はいなかったが、子どもの命が危険にさらされた事故は県内外に衝撃を与えた。米軍は飛行中のヘリからの落下を認めなかった。

その1週間後の2017年12月13日。

普天間飛行場に隣接する普天間第二小学校のグラウンドに、重さ7・7キロのCH53ヘリの窓が落下。今度は県内テレビ局の定点カメラの映像などに落下の瞬間がはっきりと映っていた。

普天間第二小学校のグラウンドに落下した米軍大型輸送ヘリの窓。2017年12月13日（宜野湾市提供）

米軍はその日のうちに沖縄県に謝罪し、日本政府と米軍は学校上空の飛行を「最大限可能な限り避ける」というあいまいな表現で合意した。実効性は不透明なままだ。

2003年に普天間飛行場を上空から視察した当時のラムズフェルド米国防長官は「世界一危険な米軍施設」と驚いた。

飛行場周辺には18の小中学校、高校、大学があり、保育園や幼稚園、公共施設は120以上に上る。

墜落や不時着、部品の落下など普天間所属機の事故は、1972年の復帰以降、年平均で3回程度発生し、騒音被害だけでなく、事故の危険にさらされている。

市普天間に住む宮城智子さん（48歳）は緑ヶ丘保育園で事故があった際に娘が年長クラスに通い、2018年4月に普天間第二小学校に入学。長男は第二小の事故当時に6年生だった。自身も宜野湾で育ち、フェンスはなくならないと思っていた。

日米両政府は1996年に普天間飛行場に関する騒音防止協定を結び、米軍機の飛行ルートや高度を定める「場周経路」について、「できる限り学校や病院、住宅密集地上空を避ける」と規定した。実際には日常的に学校の上空を飛行する。

2019年度、普天間飛行場での離着陸回数は、前年度比3%増の1万6848回。そのうち、普天間に所属しない「外来機」は2776回だ。

滑走路の南側の延長線上に位置する上大謝名(うえおおじゃな)では、年間7000回以上の騒音が発生している。日米が合意した騒音防止協定では午後10時から翌朝6時までの飛行を制限している。しかし、その時間帯でも上大謝名地区では年間250~300回の騒音が発生する。

2017年3月、当時の在沖米軍のトップ、ニコルソン四軍調整官は深夜・早朝の離着陸は「運用上やむを得ない」と明言した。協定は形骸化している。

2012年にはオスプレイが配備された。プロペラを垂直と水平に可動でき、ヘリモードで垂直に離着陸し、固定翼モードで高速移動できる。一方、開発段階から2012年の普天間配備までの間、36人の米兵が事故で死亡し、「空飛ぶ棺桶」「未亡人製造機」と揶揄された。

配備の際、日米両政府は①できる限り学校や病院を含む人口密集地上空を回避、②ヘリモードは米軍基地内に限定、③転換モードは飛行時間を制限、④可能な限り海上を飛行――を柱にした運用ルールに合意した。しかし、街の真ん中にある普天間飛行場ではいずれをも満たすのは困難だ。

オスプレイの死亡事故や被害総額200万ドル以上の事故率は、2017年で10万飛行時間当たり3・27件と過去最悪を記録した。2012年4月には1・93件、同年9月には1・65件で、日本政府は「他の海兵隊航空機に比べても安全」と強調していた。配備の前提が崩れたことになるが、日本政府は「事故率だけで機体の安全性を評価するのは適切ではない」と言い逃れる。

騒音による損害賠償を国に求める訴訟で団長を務める山城賢栄さん（79歳）は、特に騒音が激しい上大謝名地区に暮らす。滑走路を目の前に「オスプレイや米軍機の事故のニュースを見るたびに、明日はわが身だと背筋が凍る」と声を震わせた。

オスプレイの重低音は体の中にまで振動が伝わる。趣味で作詞する歌の一節で、この不条理を訴えた。

「だれがこの空をオスプレイの通り道だと決めたのか」

⑨「宇宙一危険な嘉手納基地」【嘉手納町】

「普天間が世界一なら、嘉手納基地は宇宙一危険」という言葉を聞きながら、福元は、嘉手納町屋良の民家兼中古車販売店の屋上に上った。眼前に嘉手納基地が広がる。3700メートルの滑走路2本。F15戦闘機が編隊で離陸し、直後にFA18戦闘攻撃機が8機連続で飛び立った。まるで航空ショーだ。

この家で生まれ育ち、父から店を継いだ仲本兼作さん（44歳）は「まさに戦場」とつぶやいた。極東最大の米軍施設といわれ、米国防総省は米軍の海外基地の中で、「資産価値」を1位と評価する。いわば「最後まで失いたくない基地」だ。

F15を48機配備。24時間以内に24機を、48時間以内に残り24機を朝鮮半島に送り込む即応体制の維持が主要な任務だ。

屋良の70デシベル以上の騒音発生回数は年間に2万〜2万5000回。テレビの音声が聞こえず、電話の声が途切れる。

「この環境が当たり前と考えていた」と仲本さん。基地の成り立ちや、役割を学べば学ぶほど「うるささは変わらないのに、ストレスが生じるようになった」という。

目の前と同じ空軍機がイラクやアフガニスタンで誤爆し、罪のない人々の命を奪ったとニュースを見る。沖縄でもそうだ。宜野湾市内の小学校に米軍ヘリの窓が落ちたのに、6日後には同型機が飛行を再開した。「沖縄で死亡事故が起きても米軍は誤爆と同じように『ミスでした』で済ませるんじゃないか」。自分の家族に置き換え、想像したとき、騒音を「仕方がない」とやり過ごすことができない。

事故やトラブルの回数は普天間の何倍も多い。それでも仲本さんは「重要だからという理由で遠慮し、諦め、わずかな振興策で目をつむり、『基地はいらない』と声を出せない。それっておかしいでしょ」と思う。

取材中の福元の頭上を、F15やFA18が何度も旋回した。

騒音で会話が途切れた後、仲本さんが思い起こしたように言った。「近くに住んでいると慣れるっていうけど、あれはうそ。感情を押し殺しているだけ」

⑩騒音や悪臭、深刻な被害【嘉手納町】

嘉手納基地は沖縄市、北谷町、嘉手納町の3市町にまたがる。面積1985ヘクタールで、2658へクタールの嘉手納弾薬庫を含めた面積は、青森県の三沢、東京都の横田、神奈川県の厚木と横須賀、山口県の岩国、長崎県の佐世保の米軍6施設の合計4303ヘクタールを上回る。

嘉手納町屋良地区は、県道74号を挟んで嘉手納基地と隣り合う。目と鼻の先に滑走路がある。被害は騒音だけにとどまらない。

1967年には大量のジェット燃料が流出し、井戸の水に火が付くほど地下水を汚染した。2007年に200リットルのドラム缶43本分、10年に15本分のジェット燃料が基地外に流れ出し、「燃える井戸」の恐怖を呼び覚ました。

自宅前の広いスペースが「都合良く使われる」と憤る照屋唯和男さん。2018年3月、嘉手納町屋良

2008年の移転まで、県道近くに洗機場があった。訓練で塩水を浴びた戦闘機や輸送機を洗うと、風向きによって住宅街に洗剤を含んだ水が降り注いだ。

「どれもこれも住民の存在が目に入っていない」

屋良に住む町議会議員の照屋唯和男（いわお）さん（53歳）は苦虫をかみつぶしたような表情で訴えた。県道沿いの自宅3階の窓を開けると基地を見渡せる。2012年4月にはハリアー攻撃機が滑走路に機体をたたきつけながら着陸する事故を目撃した。

自宅から見て、滑走路の手前に大きなスペースがある。「ここが都合よく使われる」と照屋さん。背部に大きな円盤型レーダーを背負った3機のE3早期警戒管制機が駐機し、エンジン調整を続けた。「緊急時の迅速な対応を理由に頭を滑走路に向け、お尻が住宅街に向く。排ガスの悪臭がもろにこっちへ来る」。大型のディーゼル発電施設からは不快な機械音が響き、吐き気がする。

いずれもその気になれば解決する問題だ。「広い基地なのにわざわざ住宅の近くでエンジン調整する必要はない。せめてお尻を住宅街へ向けるのを止めてほしい。ディーゼル発電施設も移転する場所はたくさんあるはずだ」

しかし、「その気」になるか、どうかは米軍次第。住民軽視の軍の論理が変わらない限り、解決できないことも経験から身に染みている。

嘉手納町では2006年1月に当時の防衛庁や外務省に「嘉手納基地に関する使用協定」を日米間で締結するよう要請した。町民の代表20人で作成した協定案では航空機離着陸回数の制限や、離陸時のアフターバーナーの使用禁止、休日、祝日などの飛行禁止を盛り込み「基地被害に直面する地域が即時に対応、解決できる方法を思案した」と説明した。政府は「難しい」と回答、実現に至っていない。

⑪即応訓練、核攻撃も想定【嘉手納基地】

嘉手納基地から派生する被害に苦しむ嘉手納町周辺の住民が「戦闘機の騒音や悪臭などとは、質の異なる負担」と感じる訓練がある。

極東最大の米軍施設といわれる嘉手納基地が、ミサイルなどで攻撃を受けたことを想定した即応訓練だ。「ドドーン、ドドーン」と大きな爆発音とともに発煙筒の煙に包まれる。基地内の「ジャイアントボイス」と呼ばれるスピーカーから大音量のサイレンが鳴り響き、英語で緊急事態を知らせ、対応を促す放送

模擬爆発装置（ＧＢＳ）や発煙筒を使った訓練で周囲がピンク色の煙に包まれた。2016年、嘉手納基地（読者提供）

が続く。訓練は深夜、未明を問わず、突如として始まる。

破壊された滑走路を修復したり、制空権を守るために戦闘機が緊急発進したり、基地の中で兵士らが慌ただしく動き回る。嘉手納町水釜の福地勉さん（68歳）は「嘉手納は戦場につながっているとよく言われるが、戦場そのものだ」と語る。

即応訓練は年4〜5回、1回につき約1週間実施される。事前通告はあるものの、全ての住民に行き渡るわけではなく、時間帯に幅もあり、「突如始まる」のが住民の実感という。

福地さんは訓練には四つの想定があり、黄色やピンクなど煙の色を変えていると米軍関係者から聞かされた。通常兵器、生物兵器、化学兵器、核兵器の四つだ。「あり得ないことを想定するわけがない。核攻撃まで可能性があるのか」

嘉手納がターゲットになる限り、毎日が危険にさらされる――。その恐怖こそが「質の異なる負担」だ。

大きな事故も起きている。2004年12月には、嘉手納高校に訓練の煙が流れ込み、生徒らが目の痛みなどを訴えた。当時高校3年だった福地さんの長男は校舎3階で煙に包まれ、「毒ガスか」と身構えたという。

PTA会長だった福地さんは「親の手の届かないところで子どもたちに恐怖が迫る現実を再認識した」と涙が止まらなかった。

自分の高校時代を思い出した。1968円11月、爆弾を積んで、ベトナム戦争に出撃するB52爆撃機が嘉手納基地内で墜落、爆発した。米ソ冷戦の真っただ中で「嘉手納が真っ先に狙われる」と地域では広まっていた。

爆発音と振動。「いよいよ戦争が始まった。逃げよう」。そう提案したら、父親は「どこへ行っても駄目。家族は一緒にいよう」と答えた。戦争に巻き込まれたらどう振る舞うか、事前に覚悟を決めていた様子だった。

模擬爆発装置や発煙筒を使った即応訓練について、嘉手納町や町議会は、中止するよう米軍や日本政府に要請してきた。日本政府は「騒音の影響を小さくするよう求めたい」（2012年4月）と訓練中止には否定的な見解を示している。

湾岸戦争や対テロ戦争など国際情勢が変化するたびに、嘉手納周辺の危険性が高まる。福地さんは「フェンス1枚をはさんだ向こう側で、核攻撃さえ想定していることが異常すぎる」と嘆いた。

⑫戦闘機、頭上を何度も旋回【北谷町砂辺】

嘉手納基地の第1ゲートに近い北谷町砂辺地区。滑走路の延長線上に当たり、F15戦闘機などが何度も上空を飛行する。同地区に住む照屋正治さん（51歳）は「北風だと着陸、南風だと離陸する米軍機が必ず通る」と説明する。

嘉手納基地周辺での戦闘機の飛行イメージ(北風のケース)

戦闘機を眺めていると、あることに気がつく。海側から住宅地上空を通過、基地内に着陸するかと思うと、滑走路をなぞるように飛行し、そのまま右旋回を繰り返し、再び住宅地上空に戻り、ようやく滑走路に着陸した。

「なぜ1度で着陸しないで戻ってくるのか。それがなければ騒音はかなり減る」と照屋さん。多くの住民の共通する思いだ。

小型機の操縦経験を持つ嘉手納爆音訴訟原告団の喜友名健二事務局次長によると、「戦闘機特有の飛び方」という。嘉手納基地周辺で航空機の流れを整える「場周経路」について、国や米軍は公表しないが、喜友名さんは目視調査を基に、独自で割り出し、地図に落とし込んだ。

戦闘機は視界不良の場合、ストレートインという方法で、高度を下げながらまっすぐ滑走路に進入し、そのまま着陸する。一方、有視界飛行の場合、オーバーヘッドアプローチという方法で、高度や速度を維持したままいったん滑走路の上空を通過し、その後、旋回しながら減速、降下し、着陸体勢を整えるというのだ。

飛行場上空まで速度と高度を維持することで、敵機の接近などの不測の事態に対処できる利点があり、「戦闘機特有」といえる。その他、タッチ・アンド・ゴーの訓練でも、場周経路を周回する。

砂辺地区はまさに〝旋回場所〟になっている。1度の着陸で、ストレートインなら1度で済むところ、オーバーヘッドアプローチでは3度、4度と騒音が発生する。通常戦闘機は2機以上で編隊飛行するため、旋回を繰り返すと、戦闘機が頭上をぐるぐる回る感覚になる。

沖縄県のまとめで、砂辺地区の1日平均の騒音発生回数は2016年度60・5回、17年度68・4回、18年度56・6回と沖縄県内で最も騒音の激しい地域の一つだ。

夜10時から朝7時までの月平均の騒音は2016年度85回、17年度88回、18年度77回だった。

喜友名さんは「やみくもに飛ぶわけではなく、ルールに従い、同じルートを飛んでいるからこそ、必然的に騒音の激しい地域ができる」と語った。

日米で合意した嘉手納基地に関する騒音規制措置では、基地周辺の場周経路は病院や学校、住宅地上空を避けることや、高度の維持などを定めるが、「できる限り」「必要とされる場合を除き」などと〝抜け道〟が残り、「住民の生活より米軍の運用、訓練を優先している」というのが実感だ。

⑬漁船行き交う場にパラシュート落下【津堅島】

沖縄本島中部の東側に浮かぶ小さな島、津堅島。約400人が暮らしている。近くには沖縄県内有数のもずく漁場があり、高速船で島に向かう道中では、漁船が行き交う場面に遭遇する。

津堅島沖では、日常の穏やかな光景とは対照的に、米軍のパラシュート降下訓練が頻繁に行われる。敵地への上陸を想定した訓練で、航空機からパラシュートで人や物資が海へ落ちてくる。

津堅自治会の玉城盛哲会長は「訓練が常態化している」と訴える。

沖縄防衛局からは事前に「一般演習がある」との通知を受けるが、訓練内容は新聞報道や米連邦航空局の航空情報（ノータム）を通して知ることになる。

風向き次第でパラシュートは予想外のところに飛んでいく恐れもあることから、玉城さんは「米軍はなぜ、人が空から降ってくることを地域の住民に知らせないのか」と不信感を募らせる。

沖縄が日本に復帰する際に、沖縄の米軍施設や区域の使用条件を定めた「5・15メモ」では、同水域での訓練について7日前に通知する以外、特段の制約はない。一方で、驚くことにその合意メモには「米軍の使用を妨げない限り、漁業または船舶の航行に制限はない」と書いている。つまり、住民側が漁業や航行を許される立場になっている。

玉城さんが懸念するのは訓練の危険性だけではない。2018年2月、米軍三沢基地所属のF16戦闘機がエンジン火災を起こし、青森県の小川原湖に燃料タンクを投棄した。けが人はなかったが、油漏れでシジミ漁に影響が出るなど、風評被害が広まった。「(事故が)起こってからでは遅い。だけど、いくら反対運動しても改善はない。結局は国と国の話し合いになる」と肩を落とした。

⑭響くごう音、自宅に亀裂【名護市辺野古】

「バーン」というごう音に名護市辺野古の島袋文子さん(87歳)は跳び起きた。「夜中なのにまたか」。趣味の貝細工などを並べたガラスケースは、ガタガタと音を立てた。

名護市基地対策係の測定器では「電車が通る時のガード下」に相当する100・6デシベルを記録した。この日だけで80デシベル以上の爆発音が、48回に及んだ。

亀裂の入った玄関に立ち、「怖くてもここに住むしかない」と語る島袋文子さん。2018年2月、名護市辺野古

音の正体は米海兵隊の「廃弾処理」や「爆破訓練」。キャンプ・シュワブ内の廃弾処理場では、訓練で不発だったり、使用期限の切れたりした銃弾や砲弾を爆破処理している。また、橋や道路の爆破を想定した訓練も実施する。

島袋さんの自宅から約1・3キロしか離れていない。1人暮らしの島袋さんは、いつでも逃げ出せるようベッドの下に靴を置いている。足が不自由なため、「家が崩れれば、ハイハイするしかない」とシミュレーションも欠かさない。

シュワブ内での廃弾処理は1974年に始まった。基地内の工事で1年中断した後、81年5月に再開した際、たまっていた廃弾を一気に処理したことで、民家60軒以上に一部損壊などの被害が出た。島袋さんの自宅はその一つだ。玄関や風呂場の壁など至る所にひびが入った。屋根の亀裂から雨水が漏れ、修繕に100万円かかった。その後も爆発による振動は40年近く絶えることなく、家が徐々に沈下していくと感じている。

名護市によると、米軍訓練による80デシベル以上の爆発音の発生は、辺野古で2014年に46日653回、15年に49日522回、16年に89日498回、17年に88日378回、18年に24日586回、19年に98日546回を記録した。

そのたびに島袋さんは「生きた心地がしない」時間を過ごしている。

島袋さんは辺野古新基地建設の反対運動に参加する象徴的な女性だ。メディアにも数多く取り上げられ、「工事したければ、私をひき殺しなさい」と工事車両の前に立ちはだかったこともある。

「沖縄戦で傷を負い、死んだ人間の血の泥水を飲んで生き延びた」――二度と戦争を起こさない。強い思いで現場に来る。

その上で、島袋さんは言う。「戦に負けたからと基地を置かれたことで、人間の住む場所が人間の住める場所ではなくなった。私が基地に反対する理由の一つだ」

⑮銃音を聞きながらのランチ【名護市キャンプ・シュワブ周辺】

名護市の東海岸の飲食店内に「パパパパパパッ」と乾いた重機関銃の音が断続的に響いていた。

「いつもは鳥や虫の声が聞こえるが、山の向こうの射撃場で演習が始まるとこんな感じ。ライフル銃の音を聞きながらのランチはうちの店しか味わえない」

女性店員が自嘲気味に教えてくれた。

「慣れたとしても気持ちいいものではない。弾が向かって来ないか、不安」

名護市の面積の約1割を占める米軍キャンプ・シュワブには実弾射撃場が点在する。在沖海兵隊の歩兵や強襲揚陸、偵察など各部隊のほか、時には空軍兵士も、機関銃や機関砲の使用方法を学び、訓練する。たびたび事故も起きている。2002年7月、名護市数久田のパイナップル畑で、シュワブ内からM2重機関銃の発射した弾が、作業していた男性の2メートル先に落ちた。演習場のフェンスから300メートル、レンジ10と呼ばれる発射場所から約4・5キロの距離だった。

M2の最大射程は6・5キロ。なぜ演習場外の畑に着弾したのか、その理由が明らかにされないまま、射程範囲に入る住民は、万が一の不安を抱える。

演習場内の着弾地に近い名護市辺野古の女性（80歳）は「訓練の日は、日常が戦場に変わる」と表現した。40年以上前からこの家に住む。

シュワブには戦車揚陸艦（LST）の揚陸用ランプ（斜面）やそのための訓練海域があり、水陸両用車を使った敵地への上陸演習ができる。地上部隊を支援する攻撃ヘリや輸送機オスプレイなど航空機が加わる複合的な訓練も多い。

ただ、航空機騒音と砲撃騒音は別々に評価される。名護市内で防衛省の防音住宅工事対象世帯はゼロだ。辺野古では63デシベル以上の航空機騒音が年に1000回以上、80デシベル以上の米軍訓練による爆発音は約500回に及ぶが、それぞれの基準で防音住宅工事の対象から外れている。

名護市議会の軍事基地等対策特別委員長として、防衛省に測定器設置や調査などを求めた大城敬人さん（77歳）は「防衛省は木で鼻をくくったような対応で、被害の実態を調べようとしない」と批判する。

「名護市辺野古の新基地のためには莫大な金を費やすが、実際の被害には紋切り型の対応しかしない。辺野古に新基地が完成すれば、名護市内の被害はどうなるのか、容易に想像できる」

⑯集落から300メートルで実弾射撃【金武町伊芸】

「パン、パン、パラパラ――」。金武町伊芸区。沖縄自動車道に隣接する小高い丘から米軍キャンプ・ハンセンを望むと、都市型戦闘訓練施設の奥の山から、実弾射撃の音が響いた。住宅街から一番近いレンジ4までの距離はわずか300メートル。住民は実弾射撃訓練との「共生」を強いられ続けている。

ハンセンは、実弾射撃訓練が認められている海兵隊の演習場で、金武町と恩納村、宜野座村、名護市にまたがる。中でも、伊芸区は1947年に区域の8割が演習場として強制接収された。

ピストルなどの小型武器での訓練が主流だったが、朝鮮、ベトナム戦争を機に規模は拡大。1973年からは県道104号を封鎖して、射程距離30キロの155ミリりゅう弾砲を使った実弾砲撃演習を繰り返した。着弾のたびに住宅街にさく裂音が響き、窓が揺れ、赤ちゃんが泣いた。演習は97年まで続いた。

「演習は本土に移った。でも、平穏は戻らなかった」。伊芸区の山里均区長は、深いため息をつく。

沖縄県のまとめでは、沖縄が日本に復帰した1972年以降、米軍基地から民間地への流弾事故は2020年5月現在で、29件発生している。伊芸区では、復帰前を含め、約50件に上る。

2008年12月には、車のナンバープレートに銃弾がめり込んでいるのが見つかった。「犠牲になるのはいつも区民。今だって、どこから弾が飛んでくるか分からない」。被弾事件現場の向かいに住む安富祖毅さん（71歳）は演習場に囲まれた区の現状を訴えた。

銃弾が見つかったのは自宅から10メートル足らずの駐車場。当時、小学校低学年だった孫が、いつも遊んでいる場所だった。「区民が演習場を誘致したわけではない。演習が続く限り、何が起きるか分からない」と不安を口にする。

事件後、県内外からマスコミが殺到し、被害状況を伝えた。だが「関心があるのは一瞬」。いつの間にか熱は冷め、10年以上たった今、危険だけが変わらず残る。

金武町議会の米軍基地問題対策調査特別委員会の委員長を務めた仲間昌信前町議は、104号越え演習の移転先の矢臼別（やうすべつ）（北海道）、王城寺原（おうじょうじはら）（宮城県）演習場などを視察し「住宅がどこにもない」と驚いた。「住宅近くの実弾射撃がいかに異常かが分かった。日本を守る安全保障で住民の命が脅かされることがあってはならない」と訴えた。

⑰実弾射撃で山火事【金武町伊芸、屋嘉】

2015年12月18日昼すぎ。金武町屋嘉に近い米軍キャンプ・ハンセン内レンジ5付近で発生した山火事は、夜になっても勢いが収まらなかった。鎮火は翌日の昼前。およそ22時間で約24ヘクタールを焼失した。

「鉄が焦げた臭いと煙、燃えかすの灰が迫ってきた。恐ろしかった」――屋嘉に住む久高栄一さん（72歳）は当時の様子をこう振り返る。

キャンプ・ハンセンで大規模な山火事が発生し、
火の手は住宅近くまで迫った。2008年３月26日

米軍ヘリが上空から水をまいた。火の勢いが衰えていないにもかかわらず、米軍は「日没」を理由にまだ明るい夕方、消火活動をやめた。乾燥し、強い北風という気象条件も相まって、火の勢いは夜になって増した。火は久高さんの自宅に迫るかのようだった。「煙に有害物質は含まれていないのか。健康被害はないのか」。庭に降り積もる灰を見ながら不安が募った。

火災の原因はえい光弾や照明弾、迫撃砲などを使った米軍の実弾射撃訓練だ。米軍基地や施設の使用条件を定めた「5・15メモ」では、沖縄県内の陸上部では北部訓練場、キャンプ・ハンセン、シュワブで実弾射撃訓練が認められている。

ハンセン、シュワブではたびたび火災が発生。沖縄県のまとめでは沖縄が日本に復帰した１９７２年から２０１９年までに、米軍に訓練を原因とする火災が６３３件発生。焼失面積は３９０３ヘクタールで那覇市（３９５７ヘクタール）の面積に匹敵する。

1997年9月にはハンセンで復帰後最大となる約298ヘクタールを焼失する大規模火災も発生した。

2019年12月には、ハンセンから発射された60ミリ迫撃砲3発が、民間の畑などに落下し、地面を焦がす事故が起きた。米軍は「強風を考慮していなかった」と説明した。

実弾射撃だけでなく、不発弾処理や廃弾処理でも大規模な火災は発生している。2008年3月に金武町伊芸区に近いレンジ4で爆発とともに発生した山火事は沖縄自動車道の500メートルまで火の手が迫った。

金武町の伊芸区や屋嘉区は戦前から豊かな山林資源が生活の支えだった。山からまきやカヤを切り出し生計を立てた。地域一帯には「山は、祖先からの公共の財産」との共通認識がある。

1947年、演習場として強制接収されて以降、実弾射撃で山の形は変わり、豊かな自然は失われた。「戦前から山の形は大きく変わった」。伊芸区の山里均区長は声を落とす。その上で、「本音で言えば訓練はやめてほしい。それができないなら、米軍の初動体制を含め、消火機能を強化すべきだ」と訴えた。

不意に発生する山火事。「いつ、どのような訓練をしているのか」という地元の切実な問い掛けに、米軍は「運用上の理由」を根拠に、詳細は明かすことはない。

第2章

「辺野古新基地建設」考

沖縄県外で知られない10のそもそも

普天間飛行場に駐機するオスプレイ。2019年2月14日、宜野湾市・嘉数高台から撮影

1 そもそも費用は？

沖縄県宜野湾市の米海兵隊普天間飛行場を、同じ沖縄県の名護市辺野古の海を埋め立てて、移す計画に、政府は当初、全体で3500億円の予算を見込んでいた。しかし、埋め立て予定の一部の海底で「マヨネーズ並み」といわれる軟弱地盤が見つかり、地盤の強度を高める改良工事を追加せざるを得なくなった。２０２０年4月21日に、沖縄防衛局が埋め立て工事の設計変更を沖縄県に承認してもらうために提出した申請書で、全体の費用は当初の約2・7倍、9300億円に膨らんでいた。

米軍の駐留経費について定める日米地位協定24条では、米軍の施設・区域にかかる地代や補償費を日本側が負担する以外、その他の経費は基本的に米側が負担することになっている。

日米地位協定には、米軍が使う飛行場や建物の建設費を日本側が支払わなければならない明確な規定はない。外務省は「日本側の事情で特定の施設・区域の返還を求め、代わりに別の施設等を提供する場合、その費用も日本側が負担している」と説明する。

辺野古新基地は、日本政府にすれば「普天間飛行場代替施設」であることから、日本側が費用を負担するという理屈になる。

この計画に反対する沖縄県の玉城デニー知事は「他に類を見ない巨額な事業費」と疑問を示し、次のような表現で批判している。

「東京五輪・パラリンピックの主会場となる新国立競技場の事業費（約1600億円）の5・8倍」
「東京の名所スカイツリー（約650億円）の14倍」
「沖縄観光を支える沖縄都市モノレール整備事業（1625億円）の約5・7倍」

沖縄県は過去の埋め立て事業や、これまで防衛省が辺野古で使ってきた予算を参考に、9300億円どころか、さらにその2・7倍、2兆5500億円が必要になるという試算結果を発表している。

これほど巨額な予算をかけてでも、建設する必要があるのか。

この問いに答えるには、そもそも普天間飛行場がどのように形成されたか、そもそもなぜ返還や辺野古への移設が決まったのか、そもそも海兵隊は沖縄に駐留しなければ役割を果たせないのか、という問いに答えなければならない。

2 そもそもなぜ米軍が使用？

外国の部隊である米海兵隊が、戦後75年たった今も、普天間飛行場を使用しているのは、なぜか。

普天間飛行場は沖縄戦のあった1945年に建設された。当時の村役場や国民学校、多くの住宅があった場所で、宜野湾市史によると戦前に8880人が暮らしていた。

米軍は45年4月以降、沖縄本島に上陸し、日本本土への出撃拠点を構築するために、土地を占領した。普天間はその中の一つだ。

疎開先や収容所から戻った住民らは、自分たちの家や畑のあった土地に飛行場ができていたことから、その周辺で暮らすことを余儀なくされた。

沖縄県の資料によると、沖縄戦前の旧日本軍の軍用地は540ヘクタール。これに対し、米軍が上陸後に占領した土地は、普天間を含め、1万7400ヘクタールに上り、そのほとんどが民間地だった。戦時国際法の「ハーグ陸戦条約」では、占領下での私有財産の没収を禁じている。本来なら住民や市町村に返還すべきだが、米軍は戦後も沖縄の土地を使い続けている。

1952年4月28日のサンフランシスコ講和条約発効で、日本の施政権から切り離された沖縄でも、普天間のように占領した土地を米軍が使い続けるには地主と契約するか、強制使用の手続きを取る必要があった。

多くの住民が土地使用に反対する中、米側は非民主的な手続きで、一方的に使用権原を得たほか、新たな土地接収を進め、基地を拡張した。「銃剣とブルドーザー」と呼ばれる強制接収だ。

沖縄の米軍専用施設面積は最大で沖縄本島の約3割、3万5000ヘクタールに及び、1972年に沖縄が日本に復帰した時には、約2万8600ヘクタールが残った。

72年以降、今度は日米安保条約により、日本政府が地主と契約することになった。政府は段階的に軍用地料を引き上げ、契約しやすい環境を整える一方、契約に応じない地主に対し、事実上沖縄だけに適用された「公用地暫定使用法」や「地籍明確化法」などを制定し、土地使用を続ける根拠を整えた。

96年には地主が拒否しても首相の権限で使用できるよう駐留軍用地特措法を改正した。沖縄の地主が、どんなに反対しても「永久に借りる」仕組みが出来上がった。

沖縄の米軍基地を維持するために、日本政府がつぎはぎのように法を当てはめてきた構図が浮かび上がる。

沖縄県内の米軍専用施設面積は２０２０年7月で約1万８５００ヘクタール。全国の70・３％が集中する。そのうち国有地は23％、残りは民間や地方自治体の土地。普天間飛行場は約４８０ヘクタールのうち91％が民有地で、地主は３３００人に及ぶ。そこに住む人たちから土地を奪い、基地を使い続けてきたことを裏付ける数字だ。

逆に県外の米軍基地は、旧日本軍の土地に建設されたケースが多く、約87％が国有地で、地主との契約を巡る問題は生じにくい。

２０１８年8月に亡くなった翁長雄志前知事は「沖縄戦で奪った土地に普天間飛行場を造り、そこが老朽化したから、危険になったから、沖縄に新たな土地を差し出せといって、辺野古の海を埋め立てようとするのはどう考えても理不尽だ」と発言していた。

3 そもそもなぜ危険？

２００3年11月に普天間飛行場を上空から視察した当時のラムズフェルド米国防長官は「世界一危険な米軍施設」と驚いた。

10万人の暮らす宜野湾市のど真ん中に位置し、市の面積の約25％を占める。海兵隊の主力輸送機オスプレイ24機のほか、55人を一挙に運べるCH53E大型輸送ヘリ12機、AH1Z攻撃ヘリ12機など、計58機が常駐する。

宜野湾市発行のパンフレットには「市民は絶えず墜落の危険性と騒音などの基地被害にさらされている」と明記している。

米軍は1945年に普天間飛行場を建設。施設管理権は57年4月に陸軍から空軍、60年5月に空軍から海兵隊へ移った。ヘリ4〜5機が常駐するだけの「休眠状態」といわれ、68年12月には、米国防総省が「普天間閉鎖」を検討していたことが米公文書で明らかになった。「朝鮮半島有事で決定的な役割を果たせない」と分析していた。

ところが69年9月、首都圏の航空基地を整理縮小する目的で、神奈川県厚木基地のヘリを普天間に移設する計画に修正された。69年11月から、第1海兵航空団第36海兵航空群の拠点施設となり、69年のヘリ4機、固定翼機16機から、70年以降、ヘリ80機、固定翼26機に増強されていった。

その間に何があったか。専門家はベトナム戦争中の68年6月、福岡県の米軍板付基地（現福岡空港）に向かっていたF4ファントム戦闘機が、九州大学に突っ込み、墜落した事故をきっかけの一つに上げる。

事故は反戦運動の火に油を注ぎ、米軍基地撤去の声はさらに高まった。首都圏の米軍航空基地を整理縮小するなどの過程で行き場を失った航空機が、閉鎖寸前だった普天間に移ってきた。

76年には第1海兵航空団の司令部が岩国から普天間に近いキャンプ瑞慶覧に移転。普天間の再整備が始まり、航空機誘導用レーダーや格納庫が新設されるなど、ますます機能強化が進み、比例するように危険性が増していった。

4 そもそもなぜ返還？

沖縄県の歴代知事は普天間返還を訴えてきた。

保守の西銘順治知事は１９８５年６月、沖縄県知事として初訪米し、ワインバーガー米国防長官に普天間を含む基地の整理縮小を求めた。95年５月には、革新の大田昌秀知事が訪米し、要請項目に「普天間の早期返還」と具体的に盛り込んだ。

95年９月の米兵による凶悪事件をきっかけに大きく動いた。10月21日、超党派の県民集会に、約８万５千人が参加。米軍用地の強制使用に必要な代理署名を大田知事が拒否するなど、「沖縄」が政府の重要課題になった。日米両政府は95年11月、日米特別行動委員会（ＳＡＣＯ）を設置、沖縄の基地負担を軽減し、それにより日米同盟を強化する協議を始めた。

96年1月に就任した橋本龍太郎首相は、当時の諸井虔（もろいけん）秩父セメント会長を特使として那覇に送った。大田知事と那覇市内のホテルで密会。大田知事は「普天間の返還が最優先」と迫った。

橋本首相は96年2月、米サンタモニカでのクリントン大統領との初会談で、普天間返還を切り出した。日米は４月12日、沖縄県内への移設を条件に５～７年以内の返還で電撃合意した。

「日本側は返還を切り出し、米側は移設を望んだ」という見方もある。宜野湾市が入手した92年６月作成の米軍資料では「普天間の既存施設では（後に予定する）オスプレイ配備に不適格で代替施設を検討しなければならない」と明記していた。もともと他の場所を探していたことになる。

さらにさかのぼると66年には名護市辺野古の海を埋め立て、滑走路2本を持つ飛行場の建設計画を米海軍が作成していた。米統合参謀本部議長が承認したことが判明しており、財政難といった政治的な理由で見送ったとみられる。

つまり、日本側に「普天間を返して」と言わせることで、60年代から米軍が望み続けた普天間に代わる基地を、日本の予算と責任で造らせようというのが米側の狙いだったのではないかという見方だ。

5 そもそもなぜ「V字形」?

普天間飛行場の移設先に「辺野古」が浮上したのは1996年12月。前年の米兵による凶悪事件を受け、日米特別行動委員会(SACO)の最終報告で発表した。普天間飛行場の代替施設を「沖縄本島東海岸沖に建設する」という内容だった。政府は、97年11月、沖縄県と名護市などへ、辺野古沖に撤去可能なヘリポートを建設する「海上ヘリポート案」を提示。埋め立てを伴う計画より「周辺地域への影響を少なくすることが可能」などと理由を挙げた。

名護市では97年12月の市民投票で同案の賛否を問い、投票率82%で、条件付きを含む「反対」が投票者総数の53%を占めた。にもかかわらず、その3日後、当時の比嘉鉄也名護市長が、市民投票の「辺野古ノー」の民意を覆す形で、政府の計画を受け入れると表明し、辞職した。

98年2月の名護市長選挙では、比嘉氏の後継者である岸本建男氏が当選、さらに11月の県知事選挙で「軍民共用空港」「15年使用期限」の条件を掲げ、政府案に柔軟姿勢の稲嶺恵一氏が、大田知事を破り当選した。

政治環境が整う中、政府は沖縄県や名護市と交渉を続け、沖縄県は99年11月、「辺野古沿岸域」を普天間飛行場の移設候補地に選定。地元の岸本名護市長は、99年12月27日、受け入れを表明した。翌日には、政府が建設地を辺野古沿岸域とし、「15年使用期限」など沖縄県の要望を米国と協議する「政府方針」を閣議決定した。

政府は2004年4月に海上のボーリング調査に着手。しかし、沖縄防衛局が海上に設置した調査用やぐらに、カヌーやボートで移動した市民らがよじ登り、占拠するなど、抗議運動は激しさを増した。防衛局は調査を中止に追い込まれた。

その後、政府は沖合ではなく、キャンプ・シュワブの沿岸部を埋め立てる計画にかじを切った。基地内から工事を進めることで、市民の抗議運動を遠ざける狙いがあった。

日米両政府は2005年10月、在日米軍再編計画の中間報告で、シュワブ沿岸部を「L字形」に埋め立てて滑走路1本を造る案で合意した。これでは「住宅地上空が飛行ルートに当たる」と沖縄県や名護市が反対すると、政府は2006年4月、滑走路2本を建設する「V字形」案を突如持ち出し、沖縄県の頭越しに名護市と合意した。日米両政府は06年5月の米軍再編最終報告でV字案に合意した。

日本政府は、長さ1800メートルの滑走路2本をV字に配置し、風向きによって滑走路を使い分けることで住宅地上空を飛行しないと説明した。

計画に反対する住民の抗議活動の影響を受けないように基地内から工事のできる沿岸部の埋め立てに変

更し、それでは住宅地上空の飛行に地元住民が反対するから「V字形滑走路」を編み出した。

「V字形」に軍事的な意味はない。「辺野古ありき」、辺野古以外の場所を探せない政府の苦肉の策といえる。

6 そもそも沖縄は合意？

政府が名護市辺野古の埋め立て工事に着手して以降、2014年と18年の2度の知事選で、反対を掲げた翁長雄志氏、玉城デニー氏が連続当選した。それなのに政府が辺野古での埋め立て工事を進める根拠について、菅義偉官房長官は「1999年に当時の知事と名護市長が受け入れた」と説明する。

本当にそうだろうか。菅氏の言う99年の稲嶺恵一知事と岸本建男名護市長は、辺野古に建設する飛行場を米軍と民間が一緒に使う「軍民共用」とすることや使用期限の設定、米軍と日本側の使用協定締結などの条件を付け、「条件を満たさなければ受け入れを撤回する」と表明していた。

政府は実現に取り組む方針を99年12月に閣議決定。しかし、2006年5月1日、辺野古沿岸にV字形滑走路を造る現行計画に合意した後、県や名護市と調整せず、99年の閣議決定を一方的に廃止した。稲嶺元知事は、この時点で99年合意は成立しないとの認識を持っている。

2006年4月、当時の島袋吉和名護市長がV字形案で政府と基本合意。一方、稲嶺知事は06年5月11日、V字形案を基本に協議する「基本確認書」に署名したが、「合意したわけではない」と強調してきた。

民主党政権だった２０１０年1月、防衛省は「基本確認書」について、「政府と県が合意したとは言い切れない」と認めている。

1999年の辺野古移設受け入れ表明を巡る見解の違い

県　　国

沖縄側でV字形案に合意したのは島袋元名護市長だけだ。島袋氏は２０１０年の市長選で、辺野古移設に反対する稲嶺進氏に敗れ、落選している。知事選では稲嶺恵一氏の後継となった仲井真弘多(ひろかず)氏が06年に「V字形案反対」、10年に「普天間の県外移設」を公約に当選。仲井真氏は13年12月に辺野古の埋め立てを承認したが、14年の知事選で辺野古移設に反対する翁長雄志氏に大差で敗れた。18年知事選では翁長氏の遺志を継ぐ玉城デニー氏が当選している。

19年2月の辺野古埋め立て工事の賛否を問う県民投票では、投票率52・48%、投票総数の71・7%が「反対」に投じた。

現行計画に沖縄県や名護市、沖縄県民が合意したといえず、政府が工事を進めるのは困難な状況である。

7 そもそも代替施設？　新基地？

辺野古のV字形滑走路の飛行場は、普天間飛行場の「代替施設」か、それとも「新基地」か。

政府は、「代替施設」と呼ぶ。米海兵隊基地が使用するキャンプ・シュワブの陸上部分と辺野古の沿岸部160ヘクタールを埋め立てた土地に建設するため、普天間の480ヘクタールが返還されれば、面積では実質320ヘクタールの縮小になる。

滑走路は2700メートルから1800メートルと短くなる。普天間で担ってきた三つの機能のうち空中給油機はすでに山口県の岩国基地へ移転、緊急時の外来機受け入れは県外の自衛隊基地への移転が決まっており、辺野古の飛行場ではオスプレイやヘリの部隊運用だけにとどまる。住宅防音工事助成事業の対象は普天間周辺の1万世帯から、辺野古周辺ではゼロ世帯になり、騒音被害は軽減される。

そのため「新基地ではない」「沖縄の負担軽減につながる」と強調してきた。

一方で、辺野古の基地には普天間にない新たな機能が加わる。

大浦湾側に整備予定の係船機能付き護岸について、政府は「故障機などの搬出に使用」と説明するが、全長271・8メートルでオスプレイ搭載の強襲揚陸艦が接岸できることから「軍港ではないか」と指摘されている。タンカー用の燃料桟橋も建設予定で、海と面していない普天間に比べ、特徴的な機能強化となる。

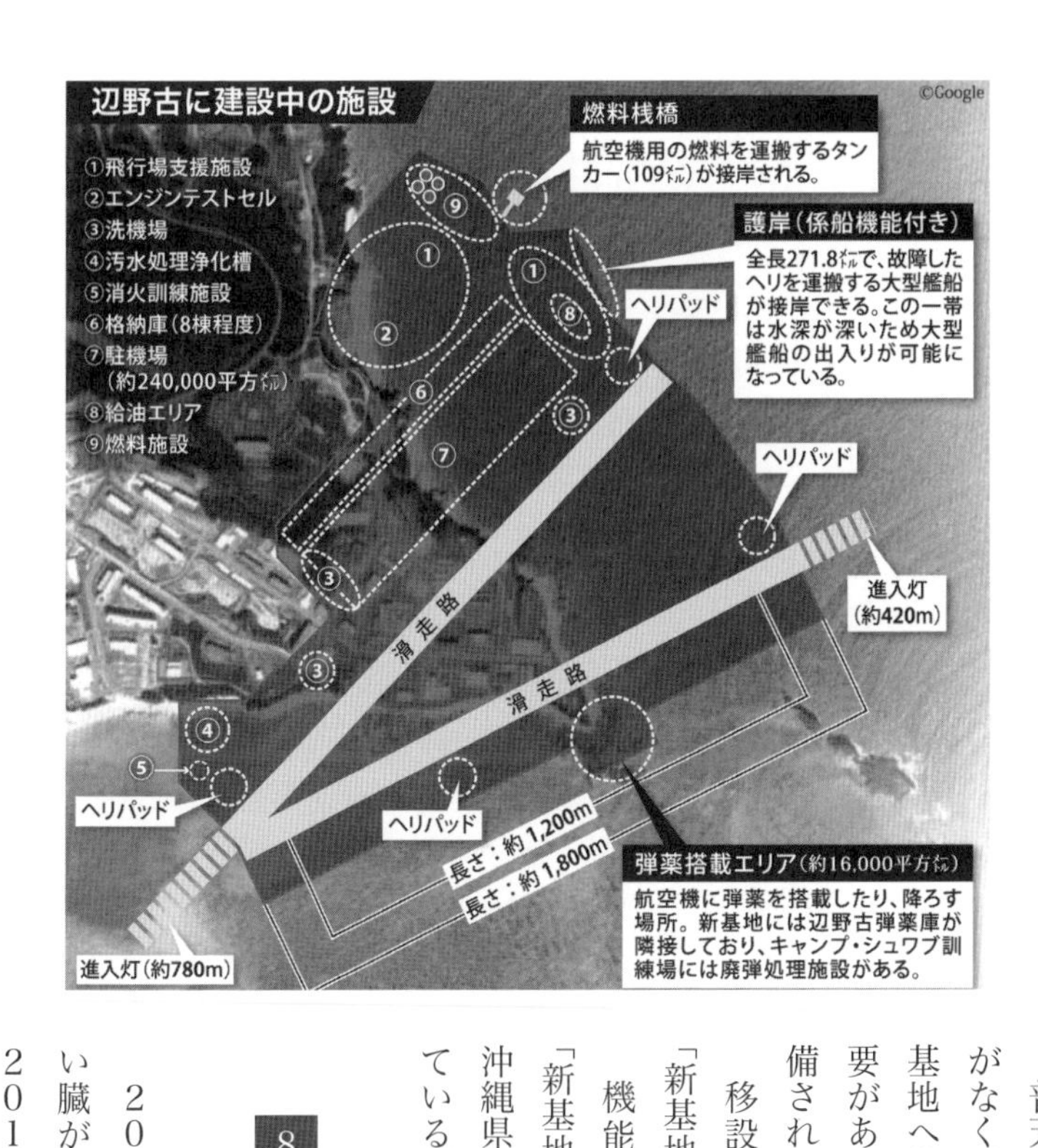

普天間にはミサイルや銃弾を積み込む場所がなく、普天間所属機はいったん空軍嘉手納基地へ移動し、ミサイルや弾薬を積み込む必要があった。辺野古では弾薬搭載エリアが整備される。

移設計画に反対する玉城デニー知事らは「新基地」と呼んでいる。

機能の縮小か、強化か。「代替施設」と「新基地」の呼び名の違いは、政府と沖縄県、沖縄県民の立ち位置や考え方の違いに基づいている。

8 そもそもなぜ反対？

2014年に誕生した翁長雄志県政と、すい臓がんで亡くなった翁長氏の遺志を継ぎ、2018年に発足した玉城デニー県政は、一貫して名護市辺野古の新基地建設への反対を掲げている。反対の理由は大きく三つに分けられる。

一つ目は、沖縄への過重な負担だ。国土面積のわずか約0・6％の沖縄に、在日米軍専用施設・区域の約70・3％が集中している。米軍は沖縄戦で軍事占領したか、戦後の米軍統治下で強制接収した土地に、基地を建設した。

こうした歴史を背景に、「沖縄は自ら基地を提供したことは一度としてなく、住民の意思と関わりなく建設された。奪った土地を沖縄に返すのに、他の土地を差し出せというのは理不尽だ」と説明する。

二つ目は、辺野古の豊かな自然環境だ。辺野古にはジュゴンをはじめ、絶滅危惧種262種を含む5800種の生物が確認され、そのうち約1300種は新種の可能性がある。翁長前知事は「米軍基地を造るためにあの美しい海を埋め立てる。日本の安全保障のために十和田湖や松島湾、琵琶湖を埋めますか。そう聞いても日本の政治家は誰も返事をしない」と県外の人へ伝わるように訴えていた。

三つ目は、沖縄県内の主要選挙での結果だ。辺野古反対の候補が当選したのは、知事選では2014年、18年と連勝、衆院選挙では14年に全4選挙区、17年に4選挙区中3選挙区、19年の補欠選挙、参院選挙では16年、19年で連勝するなど、12勝1敗となっている。

2019年2月の県民投票では、投票率が5割を超え、投票総数の7割が辺野古埋め立て工事に反対の意思を示した。

玉城知事は「民主主義と地方自治の問題であり、民意を顧みることなく、沖縄県知事の意見に耳を傾けることなく、政府が辺野古の移設工事を進めることは許されない」と政府の姿勢を強く批判している。

米軍の新基地建設のための埋め立て工事が進む名護市辺野古の海岸。2020年７月13日（小型無人機で撮影）

9 そもそも工事は進んでる？

「２０２２年度またはその後」に普天間飛行場を返還する。これが日米両政府で合意した唯一の数値目標だ。「その後」と〝逃げ道〟を残しているのは、条件とする辺野古への移設が遅れれば、返還が遅れるためだ。

辺野古新基地建設では、調査設計に１・５年、埋め立て工事に5年、飛行場整備に3年の計９・５年かかると見込んできた。建設に反対する沖縄県が埋め立て工事に必要な埋め立て承認を取り消したことなどから、工事は大幅に遅れている。

２０１４年7月に事業着手、17年2月に本体工事を開始し、護岸で取り囲んだ海域に18年12月から埋め立て土砂を投入している。

技術的に容易な浅い海域での埋め立て工事だが、19

年12月までの1年間で埋め立て工事全体の土砂量２０６２立方メートルに対し、約1・1％（23万立方メートル）の土砂の投入しか進んでいない。深い海域では、さらに時間がかかるとみられ、埋め立て工事を５年で終えるのは、絶望的だった。

その上に、「マヨネーズ並み」といわれる軟弱地盤が見つかった。改良工事のため、砂を締め固めた杭（くい）4万7千本と植物性の板２万４千枚を海底に打ち込まなければならない。軟弱地盤は最深で水面下90メートル（水深30メートル、地盤60メートル）に達すると指摘されており、これに対応できる作業船が国内に存在しないことも分かっている。

当初設計の変更には、沖縄県知事の承認を得る必要がある。政府はその後、完成まで残り12年かかると工期を見直した。完成は最短でも２０３３年となるが、計画に反対する玉城デニー知事が承認する見通しさえ立たないのが現状だ。

政府は辺野古の海を埋め立てる理由を「普天間飛行場の早期返還」と説明する。これだけ遅れれば、埋め立ての必要性に大きな疑問が生じる。

日米両政府は１９９６年４月に普天間飛行場の返還に合意した際、「5～7年」と見通しを示していた。それより30年以上遅れる計算になる。米軍は普天間の滑走路を改修するなど、返還が遅れることを前提に「延命措置」を講じている。普天間の危険性除去より、「辺野古新基地建設」が目的化しているようだ。

玉城知事は「政府が『辺野古が唯一の解決策』とこだわることで、普天間の返還を遅らせ、危険性を固定化している」と対話による解決を求めている。

10 そもそも在沖海兵隊は必要？

普天間飛行場や、それに代わる辺野古新基地が必要か、どうかを知るにはそこを使用する米海兵隊が沖縄に駐留する必要があるか、どうかを考えなければならない。

普天間の部隊は、ヘリやオスプレイで海兵隊の物資や兵員を運ぶのが主な任務だ。防衛省は「沖縄は米本土やハワイ、グアムに比べ、朝鮮半島や台湾海峡といった潜在的紛争地域に近い（近すぎない）位置にある」「陸上部隊と航空部隊を切り離すことはできない」と理由を説明。普天間飛行場を県外へ移設することは困難として、辺野古移設を強行している。

なぜハワイやグアムと比べ、日本の他の地域と比べないのか。陸上部隊と航空部隊を切り離すことなく、一緒に沖縄県外へ移設すればいいではないか。疑問だらけの根拠で海兵隊は沖縄に駐留しているのである。

沖縄県は2019年度の1年間、元内閣官房副長官補の柳沢協二氏を委員長とする外部専門家会議「万国津梁会議」を設置し、在沖米軍基地について議論した。玉城デニー知事への提言書で「中国のミサイル能力の向上と、それに伴う在沖米軍基地の脆弱性（ぜいじゃくせい）」を指摘し、「米軍の兵力構成を見直す必要がある」と求めた。

海兵隊は中国に近い大規模な基地より、小規模な前方基地を分散配置する「遠征前方基地作戦（EABO）」へ戦略を変更している。大規模な在沖米軍基地や辺野古新基地は、中国のミサイルの攻撃対象となる可能性が出てくるからだ。

提言書では「辺野古」を中止し、普天間飛行場を閉鎖、その上で米軍の戦略を満たす具体的な取り組みとして、在沖海兵隊の配置を見直し、日本本土の自衛隊基地やアジア各国への分散移転などに言及している。普天間飛行場の返還計画が決まったのは1996年で、冷戦終結の直後だ。20年以上の間に、国際情勢も米軍の戦略も目まぐるしく変化している。にもかかわらず、在沖海兵隊の意義や役割、ましてや辺野古移設の必要性がそのままというのは、矛盾する。軍事や安全保障の観点から「海兵隊が沖縄に駐留する必要はない」という万国津梁会議の提言に対し、政府は何ら反論していない。

そもそも海兵隊は沖縄に駐留しなければ機能しないと、誰が言い出したのか。在沖海兵隊の将校に「沖縄県外では部隊を運用できないのか」と質問すると血相を変えて否定する。では「普天間飛行場を県外へ移しても部隊を運用できるか」と聞いてみると「それは政治が決めることだ」と答える。そう。政治が決めることなのだ。

元防衛官僚である柳沢委員長は、政府が政策を変えることができないのは「行政に働く惰性」と指摘した。動き出した事業にブレーキをかけるには相当なエネルギーがいる。先輩官僚の仕事の否定にもなりかねない。だから無理と分かっていても、辺野古問題を担当する2~3年を〝惰性〟で乗り切る。

軟弱地盤の確認という不可抗力で工事が止まるなら誰も責任を負うことはないはずだが、もともと政治マターだから官僚の意思で変えることができない。「『日米同盟を重視』『普天間の危険性除去』といった論理で自分たちを正当化することで、思考停止に陥っている」と柳沢氏は言う。

政府は2020年6月15日、秋田県と山口県への「イージス・アショア」配備計画を断念すると発表した。迎撃ミサイルのブースター（推進補助装置）を海上や自衛隊演習場内に安全に落とせない技術的な問題があり、改修に10年、2000億円を必要とする時期的、財政的な問題も上げた。地元の根強い反対に配慮したとも言われている。ブースターを安全に落とせるというそれまでの説明も、誤りだったことになる。沖縄では、辺野古問題との「ダブルスタンダード（二重基準）」と批判が渦巻いている。

辺野古では最深で海面から90メートルの深さまで続く軟弱地盤を改良しなければならず、これから完成までに少なくとも12年、9300億円がかかる。玉城知事はコストと期間の面では「イージス」と同じであり、「辺野古の方が無駄」と批判し、建設を断念するよう求める声明を発表した。

「辺野古」でも、政府はオスプレイ配備や軟弱地盤の存在を地元に隠してきた経緯があり、「イージス」と似ている。

「辺野古」は日米の約束事であり、とん挫すれば日米同盟にひびが入り、周辺諸国に誤ったメッセージを送る、と政府は説明してきた。「イージス」も日米の約束事であるはずだ。日米同盟が揺らぐだろうか。周辺諸国に誤ったメッセージを送ることになるのだろうか。注視しなければならない。

「イージス」を止めることができて、「辺野古」を止めることができない理由は何か。「イージス」は日本の問題、「辺野古」は沖縄の問題なのか。強引な政府の姿勢、二重基準に「沖縄差別」という声が高まっている。

新型コロナウイルス感染を予防しながら、新基地建設に抗議の座り込みを続ける市民ら。2020年７月６日、名護市辺野古

第3章

骨抜きの主権国家
—日米地位協定60年

ヘリモードで宜野湾市上空を通過し、普天間飛行場に着陸するオスプレイ。2013年8月

◆──プロローグ　日本の「主権回復」要求を、米側がことごとく拒否

日米安保条約の改定と同時に、日米行政協定を改定し、改称した「日米地位協定」は1960年1月19日に調印され、6月23日に発効した。それから60年、在日米軍の特権的な地位などを定めた地位協定は、一度も改定されたことがない。

調印までの交渉過程で、日本側が「57項目の要求」を米側に提示していたことが分かった。秘密指定が解除された外交文書に含まれており、当時は極秘扱いだった。日本側が実質的な主権回復を目指して在日米軍基地の運用への関与や、基地返還時に米側が原状回復する義務などを求めたが、米側が大部分を拒否した。こうした姿勢が、不平等と指摘される現在の地位協定につながった。

外務省が59年1月から2月初旬にかけて各省庁から聞き取り「行政協定改定問題点」として整理した。57項目のうち、米軍施設・区域の排他的管理権を定める3条を巡り、「両政府の合意により定める条件で使用する権利と改めるべし」と要求し、基地の運用に日本政府が関与できるよう新たな協定への明記を求めた。

4条関連では米軍施設や区域を返還する際の原状回復と補償の義務を米軍が負うこと、5条関連では民間の港や空港の使用には入港料、着陸料を課すことなどを求めていた。

独立国家への他国軍隊の駐留は、第2次世界大戦後の現象だ。駐留軍をどう扱うか、国際的な前例は少なかった。戦争に勝った国と負けた国の関係で発効した前身の行政協定は、占領時代と変わらぬ米軍の特

権的な地位を認めていた。

57項目の要求は、国内で高まっていた抜本的な改定を求める声を反映したといえ、当時の日本政府、日本国民の問題意識が如実に表れている。ただ、交渉初期の「たたき台」で実現は容易でなく、日本政府が「主権回復」に取り組んだ一方、既得権益を維持したい米軍は、ことごとく難色を示した。

安保改定を最重要課題とした当時の岸信介政権は、自民党内や国民の声に応えるため、行政協定改定に取り組まなければならなかった。しかし、その内実は安保改定を優先し、行政協定の中身を重視しなかったといわれる。

米側に「行政協定から表現を変えても実質は変えない」と伝え、別個に結んだ合意議事録や密約を結び、米軍の既得権益を担保した。政治の消極姿勢が、当初の要求をしぼませていった。

日本政府は現在、地位協定を改定せず、運用改善で機敏に対応するという考え方だ。米軍航空機の騒音防止協定や、米軍関係被疑者の身柄引き渡しなどで合意してきたが、いずれも米軍の裁量に委ねる部分が大きい。米軍基地が集中する沖縄の経験から、地位協定の枠外での取り決めでは限界があり、問題が解決しないことは明白だ。

調印から60年、一度も改定が実現していないということは、57項目の要求を突き付けた当時の問題意識や不平等な状態がそのまま残っていることになる。

米軍優位のしわ寄せは、米軍基地の集中する沖縄で及び続けている。

■米軍基地があるということ—日米地位協定の課題と沖縄への影響一覧

日米地位協定の課題と沖縄への影響
❶全土基地方式（2条関連） ⇩米軍施設・区域の提供に地元の意向が反映されない ⇩民意に反した辺野古新基地建設の強行
❷排他的管理権（3条関連） ⇩地方自治体が環境調査などで立ち入りを求めても、米軍が許可しなければ実現しない。 ⇩航空機の部品落下や基地内での燃料流出など事件、事故の通報が遅く、住民の安全を守るための対策がとれない ⇩訓練や演習の内容の具体的な情報がなく、突然の爆発音や射撃音に周辺住民は不安になる ⇩夜間、早朝の飛行に悩まされる
❸原状回復義務を負わない（4条関連） ⇩返還跡地から有害物質を含む土壌や機関銃弾が発見され、跡地利用計画に支障が出る
❹移動の自由（5条関連） ⇩使用料なしで民間の空港や港湾を使用でき、米軍の使用が民間の使用を妨げる ⇩米軍車両の有料道路使用料を免除。沖縄自動車道では年7億円程度 ⇩米兵が沖縄自動車道で車の運転を練習し、交通事故発生 ⇩民間地で銃を携行し、住民や観光客に不安を与える
❺米兵や家族の出入国（9条関連） ⇩人、動物、植物に対する検疫などの規定がなく、日本に生息しない動植物や、伝染病が侵入する危険がある
❻課税の免除（13条関連） ⇩米軍関係者の私有車の自動車税は6～8割免除され、民間と同じ税率を課した場合に比べ年7億円の税収減になる

❼基地内の食堂や売店、ゴルフ場など（15条関連）
⇩日本の規制、免許、手数料、租税が及ばず、例えば日本人が基地内ゴルフ場で税免除の割安でプレーするなど、基地外の民間の営業に支障が出る

❽日本の国内法が適用されない（16条、航空特例法）
⇩米軍航空機の低空飛行や物質つり下げ飛行の危険が及ぶ
⇩学校や保育園の近くに滑走路

❾刑事裁判権（17条関連）
⇩米軍関係者の基地外での事件、事故でも、公務中であったり、被害者が米軍関係者だったりすれば、米軍が第1次裁判権を持つ
⇩基地の外の犯罪でも米軍が先に容疑者の身柄を確保すれば、日本側が起訴するまで身柄は引き続き米側が拘束する
⇩日本側による米軍の財産の捜索、検証、差し押さえは米軍の同意が必要（合意議事録）

❿民事請求権（18条関連）
⇩米軍関係者の子どもを出産した女性が、養育費を支払ってもらえない問題が生じている
⇩被害者への補償のため、米軍関係者に支払う給料等の差し押さえに関する規定がない

⓫日米合同委員会（25条関連）
⇩基地の提供、運用、返還などを決めるものの、地元の意見を反映する仕組みがない
⇩基地の周辺住民に大きな影響を及ぼすにもかかわらず、合意事項を速やかに公表する仕組みがない

⓬在日米軍関係経費
⇩日本従業員の給料や米軍人の使う光熱水料などいわゆる思いやり予算に年2千億円、米軍駐留で日本が負担する総額は２０２０年度で５９３０億円に上る
⇩日本の負担割合は約75％で、韓国の約40％、ドイツの約30％に比べ高い

⓭米軍最優先の航空交通管制（法的根拠なし、日米合意）
⇩米軍飛行場周辺空域の管制権を米軍が持つため、民間航空機は低空飛行を求められるなどのリスクを伴う
⇩緊急事態には軍の運用を優先し、民間機の運航に支障が生じる懸念がある

1　絶大な米軍の基地管理権

✺米軍の管理権
学校上空の飛行禁止要求さえ拒む

1畳ほどのキャンバスに描いた油絵の真ん中には、金髪で青い目の子どもが見る側を指さす。その下で、サッカーをしている別の子どもたちの上には米軍のヘリコプターやオスプレイが飛び交い、窓や無数のガラス、米軍機の部品が降り注ぐ。

宮古島市に住む画家の金城芳明さん（68歳）は2018年夏、17年12月に宜野湾市の普天間第二小学校で起きた米軍ヘリの窓落下事故をテーマに、「狂気−Daddy！ come back」を描いた。

宮古島で生まれ育ち、東京や沖縄本島で働いたこともあった。米軍基地は沖縄本島中北部に集中するため自らの生活との関わりは薄く、取り立てて基地問題に関心があるわけではなく、作品のテーマにしたこともなかった。

「そんな自分でも、あの事故はあまりに異常だと感じて作品にしようと思った」と半年かけて描き上げた。作品は1965年創立の「たぶろう美術協会」が主催する全国公募展で、協会創設者の名前を冠した賞を受賞した。作品を知った宜野湾市民から依頼され、市内の飲食店などで移動展示された。

作品に込めた思いを「米軍機が学校の上を飛ぶだけでもおかしいのに、窓を落とすのは狂気じみている。自らも子どもの父親であるはずの米兵たちへ『あなたたちの子どももおかしいと言っている』というメッセージ」と語る。

金城さんの目に「狂気」と映った米軍の基地の使用は、日米地位協定が根拠となっている。第３条は「米国は施設・区域の設定、運営、警護、管理のため必要なすべての措置を執ることができる」と規定している。日本が米軍基地の運用に口出しをできない「排他的管理権」の特権を明記している。

米軍ヘリの窓落下事故を描いた金城芳明さん。2020年、宮古島市内

普天間第二小学校の事故後、市民からは米軍機の学校上空の禁止を求める声が上がる。だが、日本政府の対応は米軍機が学校の上空を飛んでいないかの監視や、窓が落下した運動場への避難施設の整備だ。飛行禁止という根本的な対応策は、地位協定による米軍の排他的管理権の壁に阻まれる。

地位協定に盛り込まれた米軍による基地の管理権は、協定の前身となる米軍の占領下で結ばれた「日米行政協定」で、より明確に米軍の権力の強さが示されていた。

「米国は施設・区域の設定、使用、運営、防衛または管理のための必要または適当な権利、権力、権能を有する」

行政協定3条に記された管理権の文言は、戦争に敗れた日本と米国の力の差が歴然と表れている。日本国内の世論の反発は根強く、1960年の日米安保条約と同時に改定され、地位協定へと名前を変えた。

地位協定の締結によって主権の回復を国民に印象付けたい日本政府は、交渉過程で57項目の要求を米側に提示した。管理権について「両政府の合意により定める条件で使用する」との表現に改めるよう米側に要求した。

だが、管理権を含めて57項目の要求はほとんど地位協定に反映されなかった。行政協定で「権利、権力、権能を有する」としていた表現は、地位協定では「必要なすべての措置を執ることができる」となった。表現は変わっても、米軍の権限の大きさが読み取れる。

さらに、日本は管理権の文言の変更に消極的だった米軍を納得させるため、「表現を変えても実質は変えない」と伝達した。事実上の密約とも言える「合意議事録」で米軍の既得権益が守られた。

✺基地管理権

有害物質の調査すら拒否、発生源の特定できず

普天間飛行場の近くで、祖父の代から農業を続ける伊佐實雄さん（83歳）は、正月用の出荷を終え、「農家のなかゆくい（中休み）」と穏やかな表情を見せていた。

しかし伊佐さんは、不安を抱えていた。2016年の沖縄県の調査で、普天間飛行場近くの湧き水から有機フッ素化合物PFOS（ピーホス）などが検出されたからだ。2019年4月の大学の調査に、収穫

した作物を提供した。ＰＦＯＳ、ＰＦＯＡ（ピーホア）、ＰＦＨｘＳ（ピーエフヘクスエス）の含有量はいずれも米国の定める基準値を下回った。

「食べても安全」というお墨付きを得た。調査への協力が風評被害につながるのではないか、という他の農家の声も耳に入っており、「農業をやめる覚悟を持って調査に協力した。今は胸を張って出荷できる」と伊佐さんは語った。

ＰＦＯＳなどの原因は米軍の飛行場で使われる泡消火剤といわれる。嘉手納基地周辺でも、浄水場に流れ込む河川から検出され、深刻な問題になっている。沖縄県は16年以降、米軍に立ち入り調査を求めているが、認められていない。

ＰＦＯＳなどは人体に有害な影響があると指摘されている。なぜ漏れだしたのか、今も使っているのか、どのように管理しているのか。汚染の拡大や次なる汚染を防ぐために県が調べるのは当然だが、米軍基地内ではそれがかなわない。

日本の領土内の米軍施設・区域にもかかわらず、日本側が立ち入りを拒まれる。その根拠は、日米地位協定3条の排他的管理権だ。13年8月に宜野座村のキャンプ・ハンセン内で米軍ヘリが墜落した際も、村や県の立ち入り調査を米軍が認めず、現場から70メートル先にある飲料用ダムの取水を約1年間止める事態が発生した。

沖縄県は、事前通知すれば米軍施設・区域への県や市町村の立ち入りを認めること、緊急の場合は事前通知なしに即座の立ち入りを可能にすることを地位協定に明記するよう、独自の改定案を日本政府に提出している。政府に改定する動きはない。

伊佐さんは「県が立ち入り調査し、問題ない、新たな汚染の心配はないと言ってくれれば、もっと安心できる。ただ、農家からどうこう言えない。騒げば風評被害につながりかねない」と、声を落とした。

✺基地立ち入り　めど立たぬ返還合意地の測量、調査

瀬長和夫さん（80歳）は、沖縄県が計画する県道24号バイパス整備のため、10年前に北谷町謝苅の自宅を立ち退いた。町内で暮らしながら、完成を待ち望む。

県は「2025年度またはその後」とされる米軍キャンプ桑江の返還後、基地内部分を速やかに着工する方針だ。測量など調査のため基地内へ立ち入り申請しているが、米軍の許可が出ない状況が続く。瀬長さんは「せめて調査だけでも認めてもらえれば、県も計画が立てられるのに」と肩を落とす。

既存の県道24号は、蛇のようにくねくねとした片側1車線の細い道路だ。「運転が怖い」と感じる人も多い。

バイパスは片側2車線の計画で、県は2030年度の完成を目指している。

県の再三の立ち入り要求を米軍が拒む根拠となっているのが、日米地位協定3条で米軍に認める排他的管理権だ。

外務省が1973年に作成した部外秘の解説書『日米地位協定の考え方』は、「米側が排他的使用権を有している」と記載している。その権能を「米側がその意思に反して行われる米側以外の者の施設・区域への立ち入りおよびその使用を禁止しうる」とする。

地位協定を補足する環境補足協定は、米軍施設・区域の返還日の約7カ月前から、調査を目的とする立ち入りを認める。ただ、対象は「環境面または文化面での調査」となっている。米軍は今回のバイパス工事に関する調査を「適用外」としており、協定が立ち入りに結び付いていない。

適用となる事例でも「返還日の約7カ月前」からの立ち入りでは、調査に必要な日数を確保できず、それ以前に立ち入りが許可された場合でも時間がかかる。北谷町教育委員会が、キャンプ瑞慶覧内の「北谷城」への文化財調査のため、16年11月に申請した調査が実現したのは18年3月だった。

県は、県や市町村が立ち入りを求める場合は速やかに応じることや、環境補足協定に関しては、少なくとも返還の3年以上前からの立ち入りを求めている。

ただ、政府に改定の動きはない。瀬長さんは「日本政府が腰を上げてくれれば」と改善を求める。「米軍と日本政府は、住民の生活を重視してほしい」。安心して通れる道路が一日も早くできることを願う。

✺基地の運用

見直し要求をしても多発する流弾や降下訓練

いつもよりエアコンが効かないと思い部屋を見渡すと窓ガラスが割れていた。原因は、米軍の銃弾だった。2018年6月、名護市数久田で小嶺雅彦さん(46歳)が営む農園の作業小屋に、米軍の銃弾が撃ち込まれた。数久田に隣接するキャンプ・シュワブの実弾演習場「レンジ10」から発射された50口径弾は機関銃で使用される。小屋の窓を割って室内の壁で跳弾し、別の窓を割り小屋の外へ落下した。

小嶺さんはその年の2月、妻の父から農園を引き継いだ。以前は航空自衛官として航空機を整備していた。

小嶺雅彦さんの農園の小屋の壁には、米軍による流弾事故で跳弾した跡が残っている。2020年１月23日、名護市数久田

「前の職業柄か、割れたガラスや壁の傷を見て『弾痕かも』と考え警察へ通報した」

米軍は原因を「規則に定められた、射撃前に標的へ照準を合わせる手順が適切に行われなかった」と説明した。名護市内では過去にも流弾事件があり市議会ではレンジ10の撤去を求める決議もあったが、米軍は事件から約1年後の19年5月に、レンジ10での訓練を再開する考えを沖縄県や名護市に伝えた。

日米地位協定で米軍が基地を自由に運用する排他的管理権を認められ、日本側が訓練に口を出せないことで起きる問題は数多い。

パラシュート降下訓練はかつて読谷補助飛行場で実施されていたが、小学生が投下されたトレーラーの下敷きになるなど事故が相次いだ。日米は１９９６年の日米特別行動委員会（ＳＡＣＯ）最終報告で降下訓練を伊江島補助飛行場に集約するとした。

だが、「例外的な場合」は嘉手納飛行場を使用できるという規定を理由に、米軍は嘉手納で降下訓練を繰り返す。２０１９年の４回の訓練は年間で過去最多だった。

金武町伊芸区では19年12月、キャンプ・ハンセンの「レンジ２」から発射された60ミリ迫撃砲照明弾３発が落下した。米軍は「強風を考慮していなかったため」と原因を説明している。

県幹部は「流弾、降下訓練、照明弾落下いずれも、狭い沖縄で自由に訓練をしているから起こる問題だ」と指摘する。県は降下訓練の県外移転、射程が長い銃器を使用した実弾射撃訓練の見直しなどを求めているが、米軍は応じていない。

小嶺さんは事件以降、それまでは気に留めていなかった訓練場から聞こえる音に注意するようになった。「パンパン」という小銃よりも、「ドドド」と重い音が気になる。米軍に対するイメージを問うと、「僕は米軍は必要だと考える。だけど、銃弾や訓練の管理はルーズなのかと思った。しっかりしてほしい」と眉をひそめた。

✺全土基地方式
辺野古工事へ制限区域拡大、日米共同使用

名護市議会議員を11期務め、勇退したばかりの2014年の夏、具志堅徹さん（80歳）は、海上にいた。反対を貫いてきた辺野古新基地建設の抗議行動に、残りの人生を投じようと、抗議行動をする市民を乗せた船の舵（かじ）を握っていた。

目の前の光景に愕然（がくぜん）とした。調査や工事とは無関係の広範囲に、立ち入り禁止を示すオレンジ色のフロートが浮かび、海上保安庁の厳重な警備に近寄ることができなかった。

沖縄防衛局はその14年7月に新基地建設事業に着手し、8月から埋め立て工事に向けた海上作業を始めた。日米両政府は、もともとキャンプ・シュワブの陸岸から50メートル以内だった常時立ち入り禁止の海域を、最大で沖合2・3キロ、561・8ヘクタールの範囲に大幅に広げた。

常時立ち入り禁止の海域を拡大し、住民を遠ざけた先で進む辺野古の埋め立て工事。2019年12月14日

「自由に行き来してきた海をこんな簡単に閉鎖できるのか」。具志堅さんは、銃剣とブルドーザーで土地を接収された復帰前の沖縄と重ねた。

根拠は日米地位協定2条1項a。「個個の施設及び区域に関する協定は、25条に定める合同委員会を通じて両政府が締結しなければならない」という規定だ。

日米合同委員会は事業着手の11日前に臨時制限区域の拡大に合意した。さらに地位協定2条4項aに基づき同区域を日米で共同使用することを決めた。期限は工事終了まで。抗議行動を阻止する狙いは明らかだった。

具志堅さんは「これこそ全土基地方式」と憤る。

日米安保条約や地位協定には基地の場所や使用期間を定める条文はない。必要であれば、国会や地元住民の同意なしに、国内のどこにでも米軍施設・区域を設置できる。基地の自由使用を保障した占領時代と変わらず、「全土基地方式」と呼ばれている。

さらに、辺野古の場合、別の問題もはらむ。地位協定は米軍の権利を保障するものだ。にもかかわらず、臨時制限区域を拡大した上で、防衛局の事業のために共同使用することが許されるのか。米軍の運用ではなく、国の埋め立て工事が国民の公有水面を利用する権利を侵害していることになる。

具志堅さんは、「国は民意を無視する前提だから、抗議する住民たちを遠ざける手段が必要だったんだ」と批判し、さらに「地位協定の運用改善どころか、悪用だ。憲法の上に安保条約と地位協定が重くのしかかっていることを国民は学ばなければならない」と訴えた。

2　運用面からみえる米軍の「特権」

✺基地外で銃携行
民間人に向ける銃口、支配者のふるまい

20年間にわたって、在沖米軍の監視を続ける沖縄県平和委員会の大久保康裕さん（56歳）は、米兵から銃口を向けられたことがある。２０１０年3月24日、宜野座村惣慶のキャンプ・ハンセンで、フェンスの外から海兵隊の都市型戦闘訓練を写真に収めていた。数人の米兵が現れ、身分証を提示するよう要求。けげんそうな表情を見せると、一人の米兵がＭ４ライフルを手にした。

日米地位協定3条1項は、米軍基地の警護に必要な全ての措置を執ることができる、と定めている。同17条1項では一定の警察権の行使も認めている。ただ、憲兵隊でもない訓練中の米兵が基地外で、丸腰の民間人に銃を向ける根拠にはなり得ない。大久保さんは「威嚇（いかく）というよりバカにした態度。支配者の振る舞いだった」と指摘する。

草むらに身を隠し、一般車にM240G軽機関銃を向ける海兵隊員。2007年2月、宜野座村（沖縄県平和委員会提供）

これまでも民間地で銃を構える米兵の姿を何度も見てきた。特に宜野座村潟原では、海からゴムボートや水陸両用車で上陸後、山側の演習場に向かうため、国道３２９号を横断しなければならない。その際、移動中の車両などを守るように、草むらでうつぶせになった海兵隊員が国道に銃を向ける。

地位協定5条は、米軍施設・区域の間の移動を認める一方、民間地での訓練や演習を認めているわけではない。日本政府は「移動の一環」という立場で、県は「『移動』に演習や訓練を伴うものは含まないよう地位協定に明記すること」と改定を求めてきた。

05年には海兵隊員の男が那覇空港の駐車場でM16自動小銃を持ち歩いていたとして、警察の事情聴取を受けた。ただ、上官に別の銃を届けるという公務中で、日本の国内法は適用されず、県民や観光客を不安にさせながら、銃刀法違反などの罪に問われることはなかった。

地位協定では公務中であろうと、米兵が基地外へ銃を持ち出すことを認める明確な規定はない。その他の条文を当てはめ、「問題なし」の結論を導き出してきたのが実態といえる。

一方、19年5月、米海軍佐世保基地（長崎県佐世保市）の日本人警備員が米軍の指示で、拳銃を所持したまま基地外の公道を移動したことに、防衛省は「地位協定や銃刀法に違反する」との見解を示した。沖縄でも問題になりながらあいまいにしてきた解釈を一転、違反と認めた。

日本人警備員なら違反で、米兵なら違反ではない、その差は何だろうか。暴発や誤射した場合の責任はどうなるのか。懸念払拭（ふっしょく）には、ほど遠い。

軍の論理を優先する姿勢に、大久保さんは「銃社会の米国では、厳しく銃を管理している。平気で民間人に銃口を突き付けるのは日本人に対する屈折した見方で、地位協定による特権意識がそれを助長している」と抜本的な改定が必要と強調した。

✺米軍「財産」差し押さえ
民間地の事故でも米側に裁量、検証できず

「35年前と何も変わっていない」――国頭消防本部の前田潤一元署長（61歳）は、日が落ちて暗くなった空に、機体から昇る炎を見ていた。

2017年10月11日。東村高江の民間地で米軍普天間飛行場所属のCH53E大型輸送ヘリが不時着、炎上した。国頭消防本部と東分遣所から駆け付けた消防隊員が初期消火に当たった。

翌日、原因特定のため沖縄県警を通じ実況見分を求めた。だが、米軍は県、県警を含め日本側の立ち入りを認めなかった。米軍は事故の6日後に立ち入りを許可したが現場検証を拒み、事故の痕跡が詰まった土壌を地主の許可なく搬出した後、規制線を解除した。

消防は火災調査書で、米軍の立ち入り規制により「出火原因の特定はできなかった」と結論づけた。県警も現場検証など十分な捜査ができなかった。

火災原因の調査は消防法31条で義務づけられている。前田さんは「なぜ国内法より地位協定が上なのか、というのが率直な思いだ」と語る。

日米地位協定17条10項bでは、施設・区域外で米軍が警察力を行使する場合は日本側に従うとしている。だが、日米合同委員会の合意議事録では米国財産の捜索、差し押さえ、検証に関し日本側は「権利を行使しない」ことを確認している。つまり、民間地での事故でも、米軍の「財産」である機体の検証には、米側の同意が必要となるのだ。

一方、2004年の沖縄国際大学への米軍ヘリ墜落事故を機に、日米は民間地での航空機事故では、現場に近い「内周規制線」を日米共同で統制するガイドラインを結んだ。だが、規制線内への立ち入りには米軍の同意が必要というのだ。ガイドライン適用下の08年、名護市での米軍セスナ機墜落事故では、県警が機体差し押さえを要求したが米側は拒否した。裁量は依然、米側のままだ。

高江の炎上事故では別の不条理も表面化した。ガイドラインでは事故機が危険物を登載している場合、米軍が情報提供すると定めているが、米軍が事故ヘリに放射性物質を使用していると明らかにしたのは事故の3日後。初期消火に当たった隊員らには知らされなかった。前田さんは「隊員は情報がないまま無防備な状態で消火に当たった。結果的に健康被害はなかったが無謀というほかない」と苦言を呈す。

前田さんは約35年前の入隊間もないころ、国頭村の「照首山」に墜落した米軍機の消火活動に当たった。警戒し、銃口を向ける米兵らに消防隊であることを告げなければならなかった。

あれから35年を経ても、地位協定を後ろ盾に米軍優位の状況は変わっていない。高江の事故を受け、日米は地元警察や消防が速やかに現場へ入れるようガイドラインを改定したが、米軍財産の差し押さえに、米側の同意が必要との合意議事録は残ったままだ。

前田さんは「上で決めても現場の米兵には伝わらず抜本的に変わらない。次、事故が起きても同じような状況になるのは目に見えている」と不安を口にした。

✺基地使用協定

締結されぬまま改善されない騒音や悪臭

自宅屋上から県道を挟んで広がる米軍嘉手納基地を眺めたあと、嘉手納町議の照屋唯和男さん（55歳）は「子や孫のために」とつぶやく。

騒音や悪臭を軽減するため、嘉手納町などは、防衛省や外務省に「嘉手納基地に関する使用協定」を米国と締結するよう求め続けている。政府の回答は基地の運用を「個別に制限することは難しい」と厳しく、改善には至っていない。

協定を巡る動きは、15年前の2005年に始まった。町民会議が発足し、町議会や自治体、婦人会やPTAなど、17団体で基地被害を軽減するための要望をまとめた。

内容は、航空機の離着陸回数の制限や、深夜・早朝は運用上必要であっても緊急時以外は飛行しないこと。騒音や悪臭を軽減させるため、住宅街から離れた場所でエンジン調整を行うことなどだ。

住宅地に隣接する「パパループ」と呼ばれる元駐機場では、住民が寝静まるころからMC130特殊作戦機にエンジンがかかる。

Ｅ３早期警戒管制機の排出ガスも悩みの種だ。エンジンを替えてほしいと要請したこともあるが、それができないなら、せめて場所を変えてほしい。基地使用協定の要請内容は「最低限のお願い」だ。

基地使用協定といえば、１９９９年に岸本建男名護市長が、普天間飛行場の辺野古移設を受け入れる条件の一つでもだった。飛行ルートや時間の設定、基地内への自治体立ち入りなど「住民生活に著しい影響を及ぼさない保証」として、日本政府と名護市での締結を求めていた。

政府はその実現に取り組む方針を閣議決定したが、２００６年に沖縄県や名護市と十分に調整せず、その閣議決定を廃止した経緯がある。

長年にわたる基地被害の根源となっているのが、日米地位協定である。米国に施設や区域の使用を許可する一方で、使用目的や条件の詳細を定めていない。個々の施設や区域に関する協定は、日米合同委員会を通じて決めている。地元住民はもちろん、国会さえ決定に関与できない。

沖縄県は両政府に対し、地方自治体から協定の要請があった場合は、検討する旨を日米地位協定に明記するよう求めているが、実現していない。

照屋さんが子どもの頃遊んだ近所の同世代は、多くが町を去った。

嘉手納基地となった集落に戦前住んでいた祖父や父から、現在の自宅用地を手に入れるまでの苦労話を聞いてきた照屋さんは「簡単には手放せない」と、引き継いだこの土地で暮らす。

基地使用協定が結ばれない現実に戸惑いながらも「次の世代のためにも、諦めたらだめだ」と自らに言い聞かせる。

北部訓練場跡地で発見された未使用の銃弾空包など。
2020年2月、国頭村（宮城秋乃さん提供）

✸原状回復

返還地の米軍の「ごみ」を日本が後始末

チョウ類研究家の宮城秋乃さん（41歳）は、世界遺産登録を目指す沖縄本島北部「やんばる」の北部訓練場跡地で、これまで2千発以上の未使用、不発の銃弾空包や、野戦食の袋など米軍のものとみられるごみを発見してきた。

北部訓練場は2016年に返還された約4千ヘクタールで、廃棄物などの支障（汚染）除去を約1年という異例の早さで終えた。政府は世界自然遺産の推薦書で、ヘリパッド跡地や林道、過去のヘリコプター墜落地点等を中心に土壌汚染調査や廃棄物処理等を行い、「土壌汚染や水質汚濁がないことを確認した」とする。だが、宮城さんは「広大な土地を短期間で除去作業するのは無理」と指摘する。

米国には、基地返還に当たり土地の原状回復義務がない。日米地位協定4条1項で、米国は「提供時の状態に回復、または回復の代わりに補償する義務を負わない」と規定するからだ。

返還地を巡っては、これまでも廃棄物や環境汚染が多く見つかっている。

２００２年に北谷町の米軍射撃場跡地で、廃油入りドラム缶１８７本（汚泥約５００トン）が発見され、13年には沖縄市の米軍跡地にあったサッカー場地下からダイオキシンやＰＣＢ、他の有害物質を含む１００本以上のドラム缶が見つかった。

１９６０年の日米地位協定調印までの交渉で、日本側は「米側が回復または補償義務を負うべし」と求めた。しかし米側はこれを拒否した。地位協定は改定されておらず、当然現在も原状回復義務はない。

「このまま世界自然遺産に登録されれば、米軍基地のおかげで貴重な自然が守られたというイメージにつながる」。そんな危機感から、宮城さんはやんばるの森で発見した米軍の廃棄物をインターネット上で公開している。

やんばるの森は、米軍基地だったために開発されず自然が守られたという意見が根強くある。宮城さんは廃棄物のほか、ヘリパッド建設のために木を伐採することもあり、「基地が自然を守るわけがない」と反論する。

また未使用の弾薬空包が多く見つかる状況に、米軍の射撃ノルマがあると指摘する。基地の存在が軍需産業や米国の銃社会を支えている一面もあると訴えた。

返還地で見つかった米軍の遺棄物回収は、沖縄防衛局が担う。発見した銃弾は警察に通報し、警察官が回収する。宮城さんは「米軍の後始末をなぜ日本や沖縄が負担するのか」と憤った。

✵民間の港・空港使用
友好掲げて強行入港する米軍、地元は反発

2009年4月3日、石垣島と周辺離島を結ぶ定期船が行き交う石垣港に、米海軍の掃海艦2隻が入った。沖縄の日本復帰後、米軍の民間港利用は07年6月の与那国町祖納港に次いで2度目。石垣島では初めてだった。

反対する住民が抗議の声を挙げる中、石垣港に入った米軍掃海艦。2009年4月

石垣市はターミナルの屋上に横断幕を掲げ、入港に反対の意思を示した。地方自治体が自粛を求めることはあっても、明確に反対することは珍しい。当時の大浜長照市長（72歳）は「政治信条ではなく、物理的に難しかった」と振り返る。

石垣市が外務省と米軍に積み荷の内容や、火薬類の量を問い合わせても、答えがなかった。火事になれば、市の消防で対応できるのか。港湾管理者として責任を負えないと判断した。

寄港目的は「乗組員の休養と友好親善」で、繁華街での飲食やビーチでのバーベキュー、福祉施設の訪問などと具体例が説明された。

「住民や観光客のための重要な航路で、サトウキビの運搬船やクルーズ船の玄関口になる重要なバースだ。緊急性が見当たら

ず、一方的な友好親善も成り立たない。拒絶ではない。丁重に断った」

日米地位協定5条は、米軍の公務の際、着陸料や入港料を課さずに、日本の民間空港、港湾の利用を認めている。石垣市の対応に、当時の中曽根弘文外相は「外交の責任を持つ国が是非を判断すべきで、国の決定に地方自治体が関与し、制約するのは港湾管理者の権能を逸脱する」と非難した。

石垣市の反対を押し切る形で掃海艦は入港した。大浜市長は記者会見を開き、「非常事態だ。地方と国は対等、協力の関係なのに、地方の意見に耳を貸さず、国の意向が優先されるのか」と訴えた。日米安保条約を容認する立場だった当時の仲井真弘多知事も、「緊急事態以外、民間港の利用を控えるのは当然」と不快感を示した。

石垣港では抗議する市民が出入り口に集まり、乗組員が市街地に出るのを阻んだ。現場に駆けつけたケビン・メア在沖米総領事は「地元自治体、住民が反対しても、地位協定で認められているから、米軍は港湾を利用できる。強固な日米関係を周辺諸国に示すことができた」と皮肉を込めた。

フィリピンやタイなどの演習地へ移動するため、緊急時以外に米軍が沖縄県内の民間空港を使用する例も少なくない。08年3月には、洋上に停泊する米海兵隊強襲揚陸艦に体験搭乗する市民をヘリコプターで運ぶため、石垣空港を使用したことがある。

大浜市長は、「住民生活や地方自治に影響するような緊急時以外の民間港、空港の使用は、禁止するくらいできなければ、日本は主権国家と言えるか」と語った。

✺施設・区域外訓練
民間地で強行、明確な根拠なしでも容認する政府

東村高江で造園用の花木の生産と販売を手掛ける浦崎直秀さん（72歳）の自宅は、谷あいにある。少し先には米軍北部訓練場が位置する。約３５００ヘクタールの面積に15カ所のヘリパッドを持つ。上空を毎日のように海兵隊のＡＨ１Ｚ攻撃ヘリやＣＨ53Ｅ大型輸送ヘリが飛び交う。山陰から低空で現れるため、突然の騒音と振動に慣れることがない。

日米地位協定５条は、日本が米軍に提供する施設・区域の間での米軍機や車両の移動を認めている。浦崎さんは「移動なんてとんでもない。明らかに訓練だ」と声を荒らげる。自宅の上空で旋回、ホバリングする様子を何度も見てきたからだ。騒音防止協定で制限している夜10時を過ぎた後の夜間飛行も珍しくない。

「今日はうちだなとか、あっちの家だな、と分かるくらい必ず民家の上を飛ぶ。旋回やホバリングなら広い訓練場でいくらでもできるはずなのに、わざわざ民家の上を飛ぶ」

隊列を組んで民間地域を歩く行軍や、水陸両用車の県道通過も、県内では「移動ではなく、訓練だ」と批判の対象になってきた。

米軍が施設・区域の外で訓練する明確な根拠は、日米安保条約にも、地位協定にも見当たらない。政府は、こう解釈している。「日米安保条約の目的達成のために、軍隊としての機能に属する諸活動を一般的に行うことを当然の前提としている。訓練や演習はその諸活動に含まれ、実弾射撃訓練のように施設・区

域内で行うことを想定している活動を除き、施設・区域やその上空に限って行うことを想定しているわけではない」

つまり、軍隊の駐留を受け入れる以上、よほど危険でなければ、軍隊の練度を維持、向上させるために必要な訓練や演習を、施設・区域の外でも認めるという考え方だ。

政府の解釈に、浦崎さんは、住民の感覚で反論する。「あれだけ広大な訓練場があるんだから、そこで訓練するのが当然の前提ではないか」

特に、敵地への強襲上陸のほか、戦場や被災地からの住民や兵士の救出などを任務とする海兵隊の航空機は、空軍や海軍の航空機と比べ、訓練場周辺に及ぼす影響が大きい。浦崎さんは「山と谷のある地形は、訓練に適しているのだろう。基地の外でもお構いなしで、むしろ集落や民家を標的、ターゲットにしているとしか考えられない」と感じている。

沖縄県は2017年に日米両政府へ地位協定の見直しを要請する中で、「米軍の訓練や演習は、提供施設・区域内において行われるべきである」と、当たり前の規定を明記するよう求めている。

✺米軍優先空域
日本の「空の主権」侵害、民間機に高度制限

沖縄県内の空域の運用を調査する「Ryukyu Sky Observers」の喜友名健二さん(48歳)は、米軍嘉手納基地を中心とした空域は、「民間機の航空にとてもストレスがかかり、事故につながりやすい環境だ」と警鐘を鳴らす。

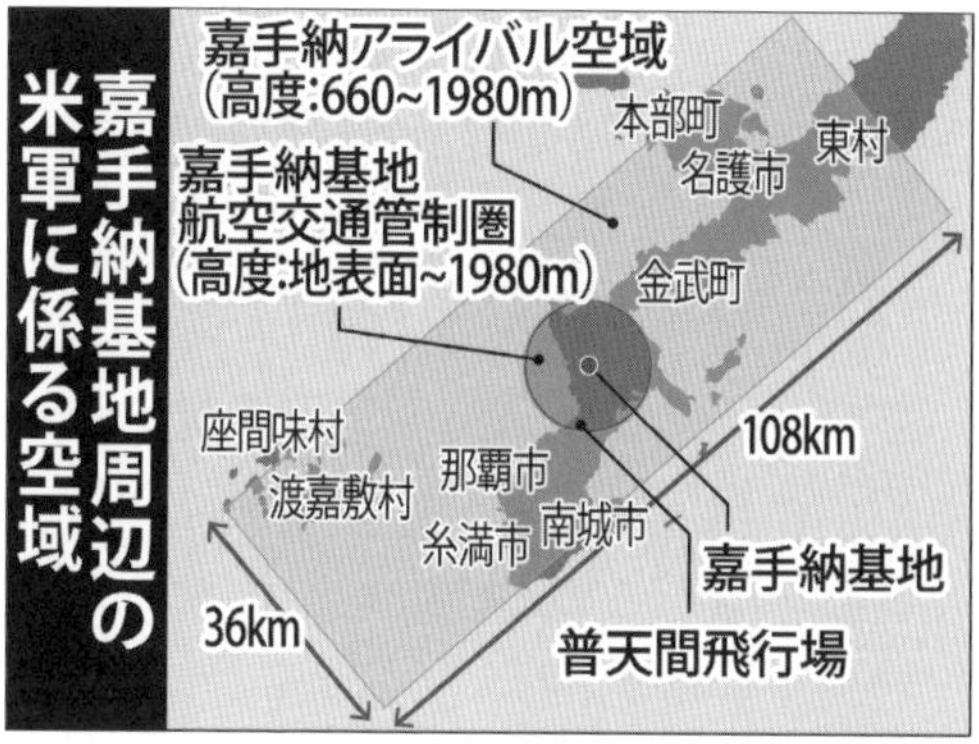

嘉手納基地周辺の米軍に係る空域

嘉手納アライバル空域
(高度:660~1980m)
嘉手納基地
航空交通管制圏
(高度:地表面~1980m)
本部町
東村
名護市
金武町
座間味村
渡嘉敷村
那覇市
糸満市
南城市
108km
36km
嘉手納基地
普天間飛行場

嘉手納基地から半径9キロの「嘉手納基地航空交通管制圏」は、地表から1980メートルまで民間機は入れない。さらに基地を中心に南北約108キロ、東西約36キロ、高度約660～1980メートルにも米軍優先の「嘉手納アライバル空域」が広がっている。米軍機が嘉手納や普天間飛行場に優先的に着陸するために確保され、空域内では訓練も行われているという。

「嘉手納アライバル空域」をかいくぐるように那覇空港を離着陸する民間機は、空港周辺を高度千フィート（約300メートル）制限での飛行を強いられる。小型機の操縦経験がある喜友名さんは「パイロットは余計な操作が増える」と指摘する。

離陸時、速やかに高度を上げたくても、見えない天井に阻まれる。トラブルがあった場合に備え、高度確保は航空安全の基本だ。

全国の民間パイロットや管制官、国土交通労働組合などで構成する「航空安全推進連絡会議」は、国に対し「千フィートの高度制限は不安全要素」として改善を要請しているが、実現されていない。

沖縄本島周辺の空域進入管制業務「嘉手納ラプコン」は、2010年に米軍から日本側へ移管されたにもかかわらず、米軍にとって重要な空域は残されたままだ。背景には、10年3月18日に日米合同委員会で交わされた「嘉手納ラプコン」移管に関する日米合意がある。

ジャーナリストの吉田敏浩さん（62歳）は、独自入手した合意文書をもとに、「この日米合意で、嘉手納・普天間両基地に着陸する米軍機への航空管制を、米側管制官が那覇空港の進入管制所に常駐して担当することになった」と説明する。

つまり、この合意に基づき嘉手納アライバル空域が設定されたのだ。日米両政府は合意文書を非公開としており、「まさに『嘉手納ラプコン移管密約』だ」と指摘する。

吉田さんは、「米側管制官による航空管制は、日本の法令上の根拠はない」と続ける。外務省機密文書『日米地位協定の考え方・増補版』には、日米合同委員会は「日本法令に抵触する合意を行うことはできない」とあることから、合意の無効を訴える。

合意は「ラプコン移管を骨抜きにして、日本の空の主権を制約・侵害し、民間機の安全な運航を脅かしている」。

3 米軍への「思いやり」か!?

✺特権意識
出入国を把握できない日本、住民とは違うの意識が犯罪助長

沖縄大学非常勤講師の親川志奈子さん（39歳）は、ある新聞投稿に目が止まった。書いたのは沖縄県警で凶悪犯罪を扱うトップだった元捜査一課長の男性で、テーマは「ヒットエンドラン」。

《1990年代、沖縄本島中部の閑静な住宅街で外国人2人組による女性暴行事件が相次いだ。容疑者

2人を逮捕すると、「ヒットエンドランに失敗した」と自供した。沖縄勤務を終え、米国へ帰ることの決まった米兵の間で、罪を犯して逃げる「ヒットエンドラン」がはやっていたのだ》

ヒットエンドランとは野球用語以外に交通事故の「ひき逃げ」やギャンブルの「勝ち逃げ」という意味がある。捜査一課長が同一犯とにらんだ事件は、捕まえてみると、それぞれ別の外国人2人組による犯罪で、女性に暴行し、そのまま日本の捜査機関の手が届かない本国へ逃げ帰っていたのだ。

2012年10月、沖縄に一時立ち寄った米海軍兵2人が女性への暴行で逮捕され、調べに「翌日にグアムへ出発する予定で、捕まらないだろうと安易に考えた」と告白している。

日米地位協定では出入国に関する国内法の適用を除外し、誰がいつ日本に入り、出たかを日本側は把握できない。さらに公務中の犯罪の第一次裁判権は米側にある。日本側に裁判権のある場合でも容疑者が基地内に逃げ込めば、起訴するまで日本側は逮捕できない。

2002年6月には、那覇市内の飲食店でライターを盗んだ米軍整備士が、窃盗容疑で警察に逮捕された。その後、容疑者が米軍の機密文書を伝達する「急使」の身分証を所持していることが判明した。日米合同委員会の合意事項で身柄を拘束することができないため、即日釈放された。

こうした不平等な地位協定が「自分たちと地域住民は違うんだ」という〝特権意識〟を植え付け、犯罪を助長するのではないか――。親川さんは20歳の時、沖縄本島中部の商業施設の駐車場で、車の助手席に米兵が乗り込んできた恐怖を思い出し、元捜査一課長の投稿と自分の体験を重ね、そう考えた。

60年前の日米地位協定締結にいたる交渉で、日本側は軍属の範囲を、「軍隊に随伴しかつ雇用されているもの」にするよう要求した。特権の及ぶ範囲を狭める意図がうかがえる。米側はこれを認めず、現行では「軍隊に随伴しまたは雇用されているもの」となっている。「かつ」と「または」では地位協定、つまり〝特権〟の適用される範囲は大きく変わる。

2016年にうるま市で起きた米軍属の男による暴行殺人事件を受け、日米両政府は軍属の範囲を縮小する補足協定を締結し、「再発防止策の柱」と強調してみせた。「特権の及ぶ範囲を狭めることが、再発防止につながる」。その考え方は、地位協定上の特権が、事件・事故の背景にあることを認めたことになる。日本政府は60年前も今もそれに気づきながら、地位協定の改定に踏み込まず、補足協定という形の微修正にとどまっているのだ。

親川さんは「沖縄の人たちが訴えているのは人権問題」と指摘する。「補足協定や運用改善は、ごまかしでしかない。特権自体を変えないといけないのに、改定に乗り出さない日本政府は、沖縄の被害の実態が見えているのに、見えないふりをしている」と憤った。

✷基地外居住
米軍関係の人数非公表、住民税は非課税

米軍関係者の居住地として人気の高い沖縄本島西海岸沿いの北谷町砂辺地区。古くからの集落の中に、大きな間取りのアパートや一戸建ての住宅が目立つようになった。建築中の物件も多い。人口は約2900人。北谷町議会議員の照屋正治さん(53歳)は「米軍関係者はそれを上回るのではないか」と推測する。

町議会で基地対策特別委員長を務める照屋さんでさえ、正確な人数を把握できない。米軍や防衛省が公

表しないからだ。

２００８年に沖縄県内で基地外居住の米兵が凶悪事件を起こしたのをきっかけに、防衛省は「再発防止策」の一環で、07年分から市町村ごとの基地外居住者数を公表するようになった。

北谷町では11年３月時点で４５００人を超えていた。それ以降は、米軍に関する守秘義務の厳格化など米国防総省の方針を理由に、公表しなくなった。

嘉手納基地第１ゲート近くの海岸線に並ぶアパートは、米軍関係者に人気が高い。2020年１月、北谷町

沖縄県全体では13年３月時点で、軍人と軍属、その家族の合計５万２０９２人のうち、32％の1万６４３５人が基地の外に住んでいたことが分かる。こちらもそれ以降、公表していない。

日米地位協定９条は、軍人や軍属、その家族を「日本国に入れることができる」とのみ規定している。合意議事録では、米側が出入国者数を定期的に日本政府へ通知することになっているだけで、日本政府から自治体へ伝える仕組みはない。60年前の地位協定締結までの交渉で、日本側は「日本政府が出入国の許可を与える」「米国は出入国者数を日本当局に通知する」と明記するよう求めたものの、実現しなかった。

地位協定が適用される米軍関係者は住民税などの課税対

象にならず、その規定も県や市町村が基地外居住者の実態をつかむことを困難にしている。照屋さんは「まちづくりに少なからず影響する」と危惧する。

嘉手納基地第1ゲートへ向かう道は、毎朝の交通渋滞で地元の住民も巻き込まれる。地域の公園は米軍関係の子どもたちであふれ、地元の子が遊ぶスペースは限られる。

「町民税を払っている住民が道路や公園を使えない状況は不公平という声も聞こえる。現状と増加ペースが分かれば、まちづくりにも応用できるはずなのに」。照屋さんはそう考えている。

基地内の規則が適用されないためか、深夜に裸で騒ぐ米兵や、細い道を猛スピードで突き抜ける米兵の車に対し、住民の不安も大きくなる。

沖縄の米軍人や軍属が基地外に住む場合、軍から受け取る住宅手当は月額16万〜29万円。経費削減に取り組む米国防総省は、基地内住宅の入居率が98％を超えるまで基地内居住を義務付ける。照屋さんは「基地外居住者は年々増えているのが実感だ。98％ルールが守られているか、確認するすべがない」と語った。

✺裁判権と捜査権
不十分な「拘禁」、口裏合わせでの判決も

2003年10月、宜野湾市で海兵隊員3人による強盗致傷事件が起きた。米兵は路上で会社員の男性を殴り、現金4千円を奪って逃走した。憲兵隊が身柄を確保したが、キャンプ・ハンセンにある刑務所に収容する「拘禁」をしなかった。米兵の上司は基地外へ出ない「禁足処分」を命じただけで、基地内で勤務を続けさせた。

福岡高裁那覇支部は不起訴の1人を除いた2人の共謀を認め、それぞれに懲役4年6月を言い渡した。「2人は毎日会って、口裏を合わせていた」——04年1月の初公判で、検察官はこう指摘した。複数人が事件を起こした場合、容疑者同士が自由に接触すれば、証拠隠滅の工作が可能となる。

日米地位協定で日本の主権の弱さを象徴するのが、17条で定める刑事裁判権だ。米軍関係者の事件、事故の場合、公務中は米側、公務外は日本が第1次裁判権を持つ。

地位協定の前身である日米行政協定は、公務中かどうかを問わず裁判権は米側にあった。地位協定への改定で、日本が公務外の裁判権を得た。しかし日本に裁判権があっても、17条5項Cによって、米側が拘束している容疑者の身柄は、日本が起訴するまで米軍が拘束を続けることになっている。

地位協定への改定交渉で、海上保安庁は「日本に裁判権がある場合、日本側が被疑者を拘禁できるようにすべし」と求めた。日本政府内でも、拘禁の在り方は問題視されていた。結果的に行政協定の不平等な内容が引き継がれ、その弊害は現在も続く。

「17条5項Cは不合理だ」

照屋寛徳衆院議員は04年、政府への質問主意書で指摘した。政府は米側の責任で必要な措置を講じているとした上で、拘禁の定義を「米軍の拘禁施設に収容すること」に加え、「一定の場所にとどまることを命ずる禁足処分など」とする答弁書を閣議で決定した。禁足を広義の拘禁とする拡大解釈にみえる。

照屋氏は、「日本が警察権、裁判権を十全に行使するには被疑者の身柄を日本が直接コントロールすることが必要だ」と指摘する。

弁護士でもある照屋氏は、米兵による強盗事件の被害者の代理人を担当した際も地位協定の壁を感じた。

米軍が身柄を拘束したことで捜査が進まないことにいら立つ警察関係者の様子を振り返り、「結果は有罪だが、執行猶予が付いた。日本が主権国家の矜持を持つならば、地位協定の改正が必要だ」と強調した。

✺低い起訴率
裁判権放棄の「密約」今も、資料破棄の実態は不明

ＮＧＯの日本平和委員会が発行する平和新聞編集長を務める布施祐仁さん（43歳）は、国内で発生した米軍関係者による一般刑法犯の起訴率を調べて公表する活動を、２００８年から続けている。

米軍人軍属の犯罪などをまとめた法務省の「合衆国軍隊構成員等犯罪事件人員調」によると、01年から18年までの米軍関係者の一般刑法犯（刑法犯全体から交通関係の過失運転致死傷罪などを除いたもの）の起訴率は13・17％だった。

これは同時期の全国の起訴率43・85％と比べると3割程度にとどまる。布施さんは「密約が今も生きている証拠だ」と指摘する。

「密約」とは１９５３年の日米合同委員会裁判権小委員会で、日本側代表が「実質的に重要と考えられる事件以外、第1次裁判権を行使する意図を通常有しない」と述べ、裁判権を放棄したとされることを指す。２００８年に歴史研究家の新原昭治氏が米国立公文書館で議事録を発見し、明らかになった。日本政府は「双方の合意はなかった」と密約ではなく、日本側の姿勢を一方的に伝えただけとしている。

布施さんはこの「密約」発見をきっかけに、「密約は過去のものにすぎないのか、今でも有効なのか。それを裏付ける実態を知りたい」と、米軍関係者の起訴率を調べ始めた。

当初入手できたのは、07年の資料だけだった。開示請求した法務省の資料の保存期間が1年間で、それ以前のものは全て破棄されていたからだ。保存期間が1年の理由を尋ねると「重要性が低いから」と説明されたという。

布施さんは「日本の市民が被害に遭う事件事故が起こったとき、国としてどのように裁いてきたのかという主権に関わる統計。それをたった1年で廃棄するのは不自然だ」と、不信感を募らせる。

また、米兵による事件の被害者などとやりとりをする中で、日本の警察の消極的な捜査姿勢にも疑問を持つようになった。米軍事件についての警察の対応マニュアルを調べると、通常の事件とは対応が全く違った。身柄の取り方などについても細かく規定され、「現場の警官で全て理解できている人はいないのでは」と感じるほどだった。

米軍関係者と全国の起訴・不起訴数（一般刑法犯）

	米軍関係者の起訴数	米軍関係者の不起訴数	全国の起訴数	全国の不起訴数
2001年	53	341	93286	70780
02年	76	446	100602	81369
03年	99	532	105043	92488
04年	116	538	109877	110337
05年	77	517	109139	124173
06年	132	398	109920	142842
07年	53	428	102629	133180
08年	36	441	98337	123430
09年	54	424	96285	123173
10年	47	444	91092	123563
11年	58	372	85374	118774
12年	59	376	83610	122236
13年	40	376	78570	123652
14年	28	289	77045	123859
15年	42	293	76835	120456
16年	31	303	72644	118033
17年	41	266	69266	116108
18年	26	260	67811	115288
計	1068	7044	1627365	2083741
起訴率（%）	13.17%		43.85%	

布施さんは米軍関係の事件の捜査には、身柄の引き渡しや捜査期限など、さまざまな制約があり、そうした捜査の煩雑さから、「大きな事件でなければ事件化せず、不起訴にすることがルーティンになっている可能性がある」と分析する。

起訴率を調べ、根気よく法務省とやりとりを続けた結果、2001年から06年までの資料も見つかった。しかしそれ以前のものはいまだに見つからず、実態は分からないままだ。「うやむやにされた事件もたくさんあっただろう。国が密約を認め撤回するまでは、追及を続けていく」と、布施さんは話した。

✺米軍関係者身柄引き渡し
凶悪事件は野放し状態、捜査に依然高い壁

2008年3月、沖縄市で外国人がタクシー乗務員の男性を殴り、釣り銭箱を盗んで逃走した。沖縄県警は米軍人の息子らを強盗致傷容疑で逮捕したが、「主犯」とされた嘉手納基地所属の憲兵隊兵長は書類送検にとどまった。

「過去の凶悪事件でも米軍関係者は野放し状態」と、被害者と親しかった別のタクシー乗務員の60代男性は憤る。

米軍人・軍属絡みの事件などで県警が逮捕状を取り、起訴前に身柄引き渡しを求めても「日米地位協定」で米側の裁量で拒否されるケースがほとんどだ。男性は「協定の運用は限界がある。今こそ見直すべきだ」と訴える。

事件は沖縄市内の路上で、米軍人の息子ら少年4人がタクシー運転手を殴り、現金8千円が入った釣り銭箱を盗んだ疑いで、強盗致傷容疑で逮捕された。少年らと事前に計画を立てていたほか、犯行時、現場付近にいて、逃走用車両を提供したなどの疑いで憲兵隊員が書類送検された。

犯行に関与した少年の身柄が最初に県警へ引き渡されたのは、事件から約3週間が経過してからだった。県警の調べによると、基地内で過ごす少年らは捜査機関の拘束下には置かれず、一定期間、自由に行動し

ていたことが判明した。被疑者同士が証拠を隠滅するため口裏合わせや逃亡を計画する可能性もあった。

日米地位協定では基地内にある米兵容疑者の身柄は、日本側が起訴するまで米軍が拘束する決まりだ。1995年の米兵による凶悪事件をきっかけに、日米両政府は殺人や強姦という「凶悪犯罪」に限り、米側が起訴前の身柄引き渡しに、「好意的考慮を払う」と合意した。凶悪犯罪の定義はグレーで、引き渡しに同意するかは米側の裁量に左右される。

また、日米間の合意議事録では「日本の警察は通常、基地内に立ち入って容疑者を逮捕することはできないが、米軍の同意が得られた場合、または重大な罪を犯した現行犯人を追跡している場合、基地内で容疑者を逮捕することは可能」としている。

これまで県警が米軍に逮捕同意を求めた事件でも、容疑者が本国に逃走するケースも発生している。身柄引き渡しに、地位協定の高い「壁」が立ちふさがる。

前出の男性は、「表沙汰にはなっていないが、何人ものタクシー仲間が米軍関係者から暴力などの被害を受けた」と明かす。補償は一切ない。残るのは心の傷だけだ。「次の被害者は私かもしれないという恐怖には悩まされたくない」と下を向いた。

✺民事請求権
米軍優先の不条理、被害者救済を米国が左右

タクシー乗務員の父親が、客として乗せた2人組の米兵から突然、暴行を受けた。酒瓶や拳で殴られ、頭部は約10センチ切れ、歯は10本折れた。運賃2780円を踏み倒した米兵は逃走。その後、逮捕された

が、父親は心的外傷後ストレス障害（ＰＴＳＤ）に苦しみ、社会復帰がかなわず他界した。

加害者側に慰謝料などの支払いを求めた遺族の訴えに那覇地裁沖縄支部は、遺族側の請求をほぼ受け入れ、遅延損害金を含む賠償額約２６４０万円を認定した。２００８年1月の事件発生から、約10年がたっていた。原告で宜野湾市に住む被害男性の息子、宇良宗之さん（35歳）は、「（父親と）判決を一緒に迎えたかった」と振り返る。

ＳＡＣＯ見舞金制度に基づき、確定した賠償額と米側が提示した見舞金約１４６万円の差額を日本国が支払うことになる。しかし、国は賠償額に含まれる「遅延損害金」の支払いを拒否した。争いは続いた。「長期間にわたって被害者救済が後回しにされた。遺族に寄り添っていない」と宇良さん。国への不信感は強い。

日米地位協定18条には公務外の米兵などが起こした不法行為を「被害者側は日本政府を通して在日米軍に損害賠償を請求できる」と規定している。宇良さんは事件後、何度も見舞金を請求したが「進展はなく、事実上、放置されていた」と指摘する。被害者救済が目的の損害賠償請求制度は米国の意向に左右され、補償に時間がかかることに直面した。「地位協定はあってないようなもの」と憤る。

父親は事件後、強いストレスで体調を崩した。目指していた介護タクシーへの転職を諦め、米兵２人から直接の謝罪を受けることなく、２０１２年に亡くなった。家族に経済的な負担を掛けたとの思いから、最期に「すまなかった」と言い残した。

「加害者２人から直接の謝罪がなかった。制度外の部分も日米地位協定の壁なのかなと思う」と疑問を抱く。

父親の事件から12年を迎えた。この間、沖縄で発生した数々の米軍関係者による事件・事故を重ね合わせ、「重大犯罪が起きても『特権』として守られ続けている。裁判の問題や慰謝料の支払いなどの一部に日本の税金が使われる。運用の改善だけに留まり続けた日米地位協定を多くの人が知り、抜本的な改定に向けた声が増えてほしい」と願う。

遅延損害金を巡る国との争いは続く。「米軍優先で不条理な日米地位協定がなぜ、60年間も改定されない理由を知りたい。被害者側だからこそ、この思いは強い」と語気を強めた。

✺米軍関係者の出入国
ビザや旅券不要、検疫も受けずに入国

１９９６年1月、教会のミサを終えて北谷町北前の歩道を歩いていた母子３人が車にはねられ死亡する事故が起きた。スピード超過の赤いスポーツカーを運転していたのは、普天間飛行場勤務の20歳の女性米兵だった。

事故から約半年後の96年6月に、那覇地裁沖縄支部は６２００万円の損害賠償を命じたが、被告席に米兵の姿はない。転勤を理由に、遺族に連絡もせず帰国していた。

日米地位協定９条により米兵や軍属、家族はビザや旅券なしで日本に出入国できる。96年の交通死亡事故だけではなく、事件や事故を起こした米軍関係者が日本側の捜査や裁判に関係なく帰国するケースは少なくない。

最近では２０１８年12月に銃を持った米兵が嘉手納基地から脱走し、読谷村の民間地で米軍が逮捕した。

沖縄県警は銃刀法違反容疑を視野に捜査していたが、身柄は米軍が拘束していたために捜査は進まず、米兵は心身治療を理由に帰国した。

逆に手続きなしに沖縄へ入る問題もある。２０１６年7月には、英海兵隊の将校が沖縄で訓練していたことが英側の資料で明らかになった。15年8月、うるま市伊計島沖で起きた米陸軍ヘリ着艦失敗事故では、自衛隊を含む「いくつかの国の特殊部隊」が現場にいたことを米陸軍参謀総長が認めている。米国以外の第三国軍が沖縄に入り、訓練していることは地元には知らされていない。

米軍関係者の出入国の問題は、世界中で猛威を振るう新型コロナウイルス、県内で33年ぶりに確認された豚熱（ぶたねつ）（ＣＳＦ、豚コレラ）など、感染症や伝染病を水際で防ぐ検疫に影響を与える。

日米は96年の合同委員会合意で検疫について、米軍関係者であっても日本の一般空港から入国する場合は米軍側が立ち会いの下で日本の検疫を受けるよう合意した。

だが、基地が集中する沖縄では合同委の想定を逸脱するトラブルが起きる。14年5月、米軍嘉手納基地所属のＨＨ60ヘリ3機がフィリピンでの演習を終えて嘉手納へ帰還する途中、天候不良で宮古空港に緊急着陸し、乗組員らは宮古島市内で1泊した。

ヘリに乗っていた22人は日米合意に基づけば日本の検疫を受けることになるが、米軍が検疫所への連絡義務を怠り検疫を受けずに入国した。那覇検疫所は後日、米兵と接触したホテルの従業員ら29人を特定し、健康診断などを実施するはめになった。

新型コロナといった感染症が流行する状況ならば、感染拡大につながりかねない事案だ。宮古島市の長濱政治副市長は、「検疫を受けていないのなら、ヘリに搭乗していた米兵は機内にとどまっておくべきではなかったか」と当時を振り返り、「日米合同委員会で合意した以上、合意通りに行動してほしい」と指摘した。

✺自動車税
私有車両でも大幅減額、見直し求める声

米軍人、軍属とそれらの家族の私有車両には、民間の車両よりも低い自動車税が適用されている。

瀬長美佐雄県議会議員はこの問題について、初当選した2016年から継続して質問してきた。「自動車税は身近な税金。米軍関係者が優遇されているという不平等な状況があることを知ってほしい」という思いからだ。

一般的な乗用車に多い排気量が1500CC超から2千CCの小型自動車で比較すると民間車両が3万9500円のところ、米軍関係者の私有車両では3万2千円低い7500円で、8割以上が免除されている。そのほかの排気量の車両でも、民間車両の58〜81%が免除された額となっている。

米軍関係者の自動車税が低いのは、日米地位協定13条で「合衆国軍隊が日本国において保有し、使用し、または移転する財産について租税または類似の公課を課されない」と定められているためだ。

税額の違いについて、日本政府は、自動車税は財産税と道路損傷負担金の性格を併せ持つもので、このうち財産税分が免除され、道路損傷負担金に相当する部分が課税されていると説明している。

一方で瀬長氏は「軍用車両への免税であれば、まだ一定の理解はできる。ただ軍人だけでなく、軍属やその家族の私有車両まで優遇する必要性はあるのか」という疑問を持つ。

民間車両と米軍関係車両の自動車税の比較

車種	排気量	民間車両 税額	米民間車両 税額
軽自動車	660cc以下	10,800円	3,000円
小型自動車	1000cc以下	29,500円	7,500円
	1000超1500cc以下	34,500円	
	1500超2000cc以下	39,500円	
普通自動車	2000超2500cc以下	45,000円	19,000円
	2500超3000cc以下	51,000円	
	3000超3500cc以下	58,000円	
	3500超4000cc以下	66,500円	
	4000超4500cc以下	76,500円	
	4500超6000cc以下	88,000円	22,000円
	6000cc超	111,000円	

沖縄県がまとめた地位協定見直しに関する要請書では、「行政需要の増加および県の財政上の負担は、小さいものではない」として「民間車両と同じ税率で課税する旨を明記すること」を求めている。

県の試算によると、米軍人等の車両にも民間車両と同様の税率を適用した場合、２０１９年度では実際に徴収した３億８万９千円に加え、６億６６３５万７千円の税収が見込める。

また１９７２年度から２０１９年度までに米軍人等から実際に徴収した税額と、民間と同様の税率を課した場合の差額は計２９１億５６７０万６千円となる。徴収した米軍人等の自動車税の総額（93億８７７７万１千円）は、すべて民間車両と同様の税率だった場合（３８５億４４４７万７千円）の24・4%にとどまる。

瀬長氏は、これは税金を課すという日本の主権の問題であるとして、「自動車税の問題を不平等な日米地位協定を見直す一つのきっかけにしたい」と語った。

✺航空法特例法

国内法から除外される米軍機、空の危険浮き彫りに

「少女が下敷きになり、亡くなった事故を思い出し、本当につらい」

2020年2月25日、普天間飛行場所属のCH53E大型輸送ヘリが読谷村のトリイ通信施設の西約1・3キロの海上に、鉄製の戦車型標的を落下させた。謝花喜一郎副知事は外務省の川村裕沖縄大使、沖縄防衛局の田中利則局長に対し、55年前の事故を取り上げ、抗議した。

AH1Zヘリをつり下げた状態で、観光客の上空を飛行する米軍大型輸送ヘリ。2019年3月、読谷村沖（読者提供）

米施政権下にあった1965年、読谷村で米軍機から投下されたトレーラーが目標を外れた。下敷きになった10歳の少女が死亡した。それまでも民間の住宅や庭、道路、畑などへの落下事故を繰り返していただけに、「いつ起きてもおかしくない事故」の発生は大きな衝撃を与えた。

同様の事故がなくなったわけではない。最近でも、2006年12月に読谷村のトリイ通信施設の西約200メートルの海上で、CH53Eヘリからつり下げ運搬中の廃車が落下。17年3月には、宜野座村城原の周辺でUH1Yヘリが複数のタイヤをつり下げ、

民間地域の上空を飛行後、キャンプ・ハンセン内にタイヤを落とした。

沖縄県議会は戦車型標的の落下事故を受け、「日米地位協定の実施に伴う航空法の特例に関する法律」（航空法特例法）の廃止を求める意見書を全会一致で可決した。米軍機事故の元凶と捉えているからだ。

日米地位協定5条は米軍に民間地域の「移動」を認めている。5条に関する合意議事録によると、その際には国内法を順守しなければならない。つまり、米軍機に日本の航空法は適用される。一方、安全運航などを規定する6章（57〜99条）の適用を航空法特例法で除外しているのだ。

米軍には、航空機から物の投下を禁じる89条、粗暴な操縦を禁止する85条、出発前の安全確認を義務付けた73条、事故の報告を義務付けた76条、最低安全高度を定める81条など、6章のほとんどが適用されない。飲酒や薬物の影響が残る場合の航空業務を禁止した70条さえ対象外だ。

外務省は「公共の安全に妥当な考慮を払い、飛行している」と説明する。しかし、18年に起きた岩国基地（山口県岩国市）所属機の事故を調査する過程で、手放し操縦や飛行中の読書など規則違反が見つかった。報告書では事故が相次ぐ背景に「部隊内の薬物乱用、アルコールの過剰摂取、不倫、指示違反といった職業倫理にもとる実例が存在した」と指摘する。事故機に搭乗した2人の尿から睡眠導入剤の成分が検出され、「航空業務に不適格だった可能性がある」と判断している。

沖縄県議会が航空法特例法の廃止を求めるのは、この2年間だけでも18年のオスプレイ部品落下、F15戦闘機墜落、FA18戦闘攻撃機墜落、19年の浦添市内の中学校へのヘリ部品落下、海上でのヘリ窓落下、MC130特殊作戦機部品落下と今回で7件目になる。「異常な日常」「空の危険」を浮き彫りにする。

4　実現しない改定、見直し

✺労働組合「連合」の見直し案
排他的管理権、環境汚染に風穴をめざす

2004年1月、日本最大のナショナルセンター（労働組合の全国中央組織）連合は、日米地位協定の見直し案をまとめ、政府に改定を呼び掛けた。

地位協定の問題点を連合本部に提起し、全国運動へと展開する動きをつくったのが、当時の連合沖縄会長だった狩俣吉正氏（70歳）だ。「日米地位協定が日米間のいびつな関係を生み、米側の都合のいい形で運用されている」。連合本部に訴え、県内外各地で勉強会などを開催して自ら講師として出向くなど、地位協定の改定に向けて取り組んだ。

狩俣氏は、地位協定の問題を広く知ってもらいたいと「十九の春」の替え歌で「日米地位協定ソング」も自作。自ら三線を弾き、歌と解説を織り交ぜ、「これでいいのか対米追従〜」と歌詞に乗せた。

しかし、行く先々で感じたのは、本土との温度差だった。沖縄県内では、1996年の県民投票で日米地位協定の見直しが問われるなどの経緯もあり、地位協定について一定の認知度があった。一方で「本土では地位協定の存在すら知らない人も多かった」と話す。

連合本部では、連合沖縄の要請を受け、2003年7月に「日米地位協定の抜本的見直しに向けた基地所在地方連合対策会議会」を発足させた。基地を抱える地方連合内で問題点を共有し、シンポジウムなどで検討を進め、見直し案の策定につなげた。

連合の改定案では、日本が米軍基地の運用に口出しできない「排他的管理権」が明記される第3条を、地方公共団体の通知後の立ち入りを認めた上で、「緊急の場合は、事前通知なしに即座に立ち入りを可能にする」とした。

基地返還時に米側の原状回復義務がないと定め、返還地の環境汚染が問題となっている第4条については、日本の国内法を適用し「環境汚染は合衆国の責任において適切な回復措置を執る」とした。

基地内で労働災害が起きても、労働基準監督署が立ち入れないことなどが指摘される第12条では、駐留軍労働者の雇用条件について国内法順守を求めた。「雇用主、防衛施設庁長官（当時）は、主体的権限を持って団交当事者としての責任が果たせる体制を確立すべきだ」との文言も盛り込んだ。

取り組みから16年、現在も日米地位協定の改定は実現していない。米軍に派生する事件・事故は相次いでいるが、日本政府は「運用改善」の対応にとどまる。

狩俣氏は「問題は一言で言えば日本政府の弱腰だ」と指摘する。地位協定改定を俎上（そじょう）に載せられない政府の姿勢を批判した上で、基地が集中する沖縄で米軍によるさまざまな問題が発生することに「理不尽に尽きる」と話した。

✺沖縄弁護士会の改正案

米軍に国内法を適用し、順守へ

「本改正案は日米安保条約の存在を前提として、現行日米地位協定の構造的欠陥、不合理性、不平等性を抜本的に見直すものである」

2003年12月、沖縄弁護士会は当時会長を務めていた新垣勉弁護士を中心にまとめた、日米地位協定の改正案を発表した。

現行協定の全28条に新たな条項を加えて38で構成、米軍に日本国内法の適用や、順守義務を課した。弁護士会として改正案づくりに着手した背景には、自民党や社民党など超党派国会議員が2002年2月に策定した独自の改正案があった。

このころ、全国的に地位協定改定の機運が高まっていた。全国知事会は地位協定の抜本的な見直しを国に要望。日本青年会議所は「地位協定見直しを最優先に取り組む」と沖縄宣言を採択した。

自民党の有志は02年7月に「日米地位協定の改定を実現し、日米の真のパートナーシップを確立する会」を設立し、03年5月の総会で独自の改定案を決定した。メンバーには、後に防衛相を務める林芳正氏、岩屋毅氏、河野太郎氏らが名を連ねていた。公明党も03年2月、「日米地位協定検討プロジェクト」を立ち上げ、協議を始めている。

新垣氏は、政権与党が加わり、改正に動いた意義を認める一方、米軍への国内法の適用を除外する原則が変わっていない点に危機感を覚え、弁護士会として独自案の取りまとめに奔走した。

「最も重視したのは国内法の適用。それが基本だ」と新垣氏。沖縄弁護士会の案は2条に「合衆国軍隊は日本の法令の適用を受け、順守するものとする」と明記した。現行16条で日本の法令を「尊重」としていた表現を「順守」に強めた。

基地の提供では10年を限度に施設提供の更新を義務付け、更新の際に協定の順守状況などを日米合同委員会が協議するなど、米軍側にとって厳しい内容とした。

米軍関係者の事件・事故で問題となる起訴前の身柄引き渡しでは、被疑段階から日本の拘禁施設での拘禁を明記し、同時に日米が共同で拘置状況を視察し、弁護士の立ち会い権を認めるなど、被疑者の権利改善も意識した。新垣氏は「日米双方が公平、合理的と受け止められる内容にすることが重要と考えた」と説明する。

新垣氏は案の発表後、04年4月に発足した「日米地位協定改定を実現するＮＧＯ」の立ち上げに関わった。沖縄弁護士会、連合沖縄、高教組、米軍人・軍属による事件被害者の会の代表や経済人など県内各界で構成する会は、現在でも改定を訴える運動を続けている。

実は米軍基地に反対する市民から、「日米安保体制を前提とした地位協定を改正することは、基地の存在を認めることになる」と、否定的な反応も少なくなかったという。

新垣氏は、「地位協定の問題を掘り下げることで、米軍基地が矛盾だらけの存在という実態が明らかになる。そうなれば必ず『基地はないほうがいい』となる」と改定に向け、声を上げる意義を強調し、全国的な議論の必要性を訴えている。

✺全国渉外知事会の動き
「米軍基地負担に関する提言」で抜本見直しを

「基地のない自治体も含めて、日米地位協定を含む基地問題について共通理解を得たもので意義深い」——米軍基地がある15都道府県の知事でつくる全国渉外知事会の黒岩祐治会長（神奈川県知事）は2018年、全国知事会が日米地位協定の抜本見直しを含む「米軍基地負担に関する提言」を、全会一致で採択したことを、神奈川県議会でこう評価した。

この提言は翁長雄志前知事の要望を受け、全国知事会で16年に発足した全米軍基地負担を議論する研究会の議論を踏まえたものだ。

16年11月、都内であった第1回会合で翁長氏は、日米安全保障体制を支持する立場を示した上で「安全保障や日米地位協定を考える上で、沖縄の基地問題の解決なくして日本の自立、民主主義はない」と訴えた。沖縄県の訴えは徐々に全国に浸透しつつある。

すい臓がんで亡くなった翁長氏の後継、玉城デニー知事は19年の渉外知事会で、米軍の駐留する欧州4カ国での県独自の調査結果を報告し、国内法令が米軍に適用されない日本の不平等さを訴えた。沖縄県の取り組みを、河野太郎外相（当時）は「地位協定はさまざまな合同委員会合意、国内法を含めた一つの体系。比較することに意味はない」と一蹴した。

地位協定を巡る国会審議で「在日米軍に国内法を原則順守させるべきだ」と改定を迫る野党に対し、安倍晋三首相ら政府側は、テープレコーダーのように「日米地位協定のあるべき姿を不断に追求していく」

と、同じ答弁を繰り返してきた。現状の地位協定の文言は一切変えず、運用改善で乗り切りたいという意思表示だ。

運用改善の直近の例として2019年、地位協定に基づく米軍機事故に関する「ガイドライン（指針）」の改定がある。日本側の事故現場への「迅速かつ早期の立ち入り」が明記されたが、立ち入りに米側の同意が必要となるのは従来通りなのに、河野氏は「事故対応が一層改善され重要な意義がある」と強調してみせた。

自民党の外相経験者は在職時、外務省の事務方に改定の可能性を尋ねたことがあると話す。「（改定は）無理だと言っていた。日本と言うより米政府の問題」。米兵の特権にかかわる問題で、改定に反対する米側の議員も多いという。「米国の説得に政治資源を大量に消費する、地位協定改定には取り組みたくない」との日本政府の思惑の一端を示す。

一方、全国知事会が地位協定見直しを含む提言を採択した2018年以降、地位協定の改定を求める地方自治体議会の意見書は20年4月現在で、少なくとも162件に上る。都道府県議会で見ると、北海道、佐賀、岩手、静岡の4件。162件には含まれていなかったが、宮崎、和歌山、長野、奈良、沖縄の5県でも改定を求める意見書を可決している。市町村議会は福岡市、札幌市、東京都小金井市など158件となっている。

米軍の特権を見直し、日本の主権回復を求める動きは、全国へ広がりつつある。

5　有識者が語る日米地位協定

日米地位協定は前身の日米行政協定からの改定を経ても日本側の主権が「骨抜き」にされ、裁判権をはじめとする多くの問題が指摘されている。地位協定をテーマに研究に取り組む有識者に、歴史的背景や他国の協定との比較などを踏まえて、問題点などを聞いた。

◎地位協定問題は日本の民主主義を問うている

法政大学教授　明田川　融氏（政治学）

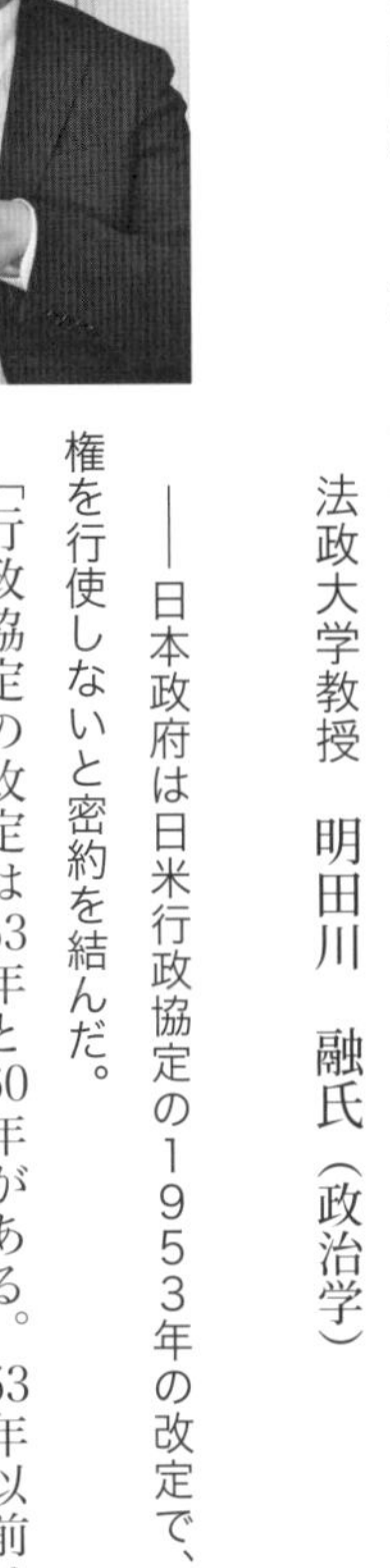

――日本政府は日米行政協定の1953年の改定で、重要事件を除き裁判権を行使しないと密約を結んだ。

「行政協定の改定は53年と60年がある。53年以前は米兵、軍属、家族の犯罪は公務の内外を問わず裁判権は米側だった。改定交渉で法務省は、北大西洋条約機構（NATO）が公務外の犯罪の裁判権を受け入れ国に認めているので、それと同じではないといけないと正論を主張した」

――表向きは公務外の事件は日本が裁判権を持った。

「外務省は米側から『イギリスでは裁判権を放棄させる』と聞かされていた。正式な外交文書にしなければ裁判権の放棄はやむを得ないという路線だった。当時のオランダも日本とほぼ同じで『原則として裁判権を放棄し、重要なものはその限りではない』とした。ただ、オランダは協定で公にしており密約にした日本との決定的な違いがある」

――60年の日米地位協定への改定について。

「外務省は53年の改定で表面的にはＮＡＴＯ並みになったと思考がストップした。外務省文書では『行政協定はＮＡＴＯ協定と大同小異の内容だ』とある。60年の改定交渉で日本側は民事に関して裁判権を主張したが、刑事裁判権はほとんど主張されなかった」

――日本政府の一連の対応をどう評価するか。

「政府はどこかの段階で密約を公表するべきだった。早い段階で公表されていれば、具体的な犯罪ごとに現在とは違った措置ができたのではないか」

――日本政府は他国と米国の協定と比較して日米地位協定の水準は高いとする。

「先ほども述べたが外務省の文書でも他の国と比べて『大同小異』としている。裁判権では、判決が出なければ身柄が受け入れ国に渡らないというドイツと比べて、少しだけ日本が有利。それなので日米地位協定の改定は必要はないという議論に結びつきやすい。ただ、地位協定の問題は裁判権以外にも多くある」

――地位協定が全国的な問題に発展しづらい。

「50年代前半に本土に海兵隊や米軍の地上部隊が駐留していたころは、米兵犯罪が頻繁に起きていた。

海兵隊が沖縄に移転して以降は米軍基地の大半が沖縄にあり、全国的に自分たちの生活に影響がないと捉えられている。1カ所に基地を集中させる日米安全保障を8割の人が容認している。そこが一番大きな問題だ。他人の痛みを考えた上で、どう安全保障をつくるか。地位協定問題はこの国のデモクラシー（民主主義）を問うている」

◎基地があるのに、本土の人間はその問題に気付かない

東京外語大学大学院教授　伊勢﨑　賢治氏（国際関係論）

――日本以外の各国と米国との地位協定について。

「地位協定は駐留軍の『特権』から、軍隊を駐留させる国の『責任』という概念に変わってきている。イギリスは第2次世界大戦でドイツを倒すため、米軍が駐留していた。ドイツを倒しても冷戦が始まり米軍の駐留が続くことで、『戦時中のように特権を許していいのか』となり、北大西洋条約機構（NATO）が結成された。欧州が互いの国に駐留し合うため、兵士の犯罪の訴追を免除するのではなく、何か起きれば駐留させた国がきちんと責任を持つという意識へと変わった」

――近年の状況は。

「米軍がフセインを倒しイラクが独立した際の地位協定は、日本よりも優れていた。協定の前文に空域、海域含めてイラクの主権で、許可制

であると書かれていた。米兵が犯罪を起こし、本国へ送還になってもイラク側が軍法会議に立ち会う権利が認められた。イラクを飛び立って他国を攻撃してはいけないことも明記している。ただ、イラクは交渉で米兵の公務内の事件の自国の裁判権を主張し、米国が認めず交渉は決裂し米軍はイラクから撤退した」

「その後、イスラム国が出現したことでイラクは米軍を招致した。イスラム国の問題が片付きつつある中で、２０１９年イラクと米軍は覚書を交わし、戦闘機を含めて空域を使うときは事前許可制となった。米国はイランをはじめフィリピンやアフガニスタンに『駐留させていただいている』という立場で、相手国の主権を重んじている」

――理由は何か。

「米国は外国軍が駐留するという状況をどう友好的に維持するかと考えている。文面で主権を認めることでガス抜きにもなる。反米運動で米軍が撤退となれば外交上の敗北になるため、米国は試行錯誤をしている」

――日本とは異なる。

「基地や地位協定の問題は沖縄の問題と思われている。迷惑施設の押し付けのように扱われ、補助金で補償すればいいと思われている。実際には横田にも横須賀にも基地があるのに、本土の人間は問題に気が付かない」

――なぜ日本政府は改定と言えないか。

「(米国と) 対等にならなければ地位協定改定の議論ができないし、それを考えると憲法９条をどうするかという話になる。私だって米軍には出て行ってほしいが、日本が対等にならないとその話もできない。

政権与党や外務省は（日米安保と地位協定の）現状維持が慣習になっている。護憲派やリベラルが9条をどうするのかという議論をする必要がある」

◎「戦後」を越えるための本質的な議論を

中京大学准教授　平良　好利氏（政治学）

――1960年に日米行政協定が日米地位協定に改定された背景に、自民党の河野一郎氏ら岸信介首相の対抗勢力から、安保改定と同時に行政協定も改定すべきだとの主張があった。

「河野氏らが主権を回復したかったのか、岸首相を引きずり下ろしたい政局だったのか政治家の内面は分からない。重要なのは、国民の日常生活に関わる重大な行政協定の改定が安保改定交渉の最終局面で、しかも派閥の親分たちの問題提起によって俎上（そじょう）に上がったことだ。権力闘争が悪だと切り捨てるのは簡単だが、それによって事が動いた事実を冷徹に見ないといけない」

――当時と現在では状況が異なっている。

「当時は保守、革新両陣営とも米軍撤退の方向で一致していた。米軍を占領軍のイメージで捉えていたからだ。また岸首相は野党や大衆運動の動きが、党内の反岸勢力と連動するのを恐れた面もある。だが今の自民党は安倍晋三首相の下で集権的になり派閥政治も弱体化し、野党も分裂している。かつてのような野党が存在し、その野党が自民党の反主流派と連動し、政権にＮＯを突きつけるという状況にはない」

――地位協定の問題が全国に広がりにくい。

「本土では基地が大幅に縮小され、米軍絡みの事件事故も少なくなった。また安保改定も沖縄返還も実現できた。日米関係に付きまとっていた負のイメージがなくなり、正のイメージを持つ『日米同盟』という言い方が一般的になった。しかし一方の沖縄では『対米従属』という言葉がマッチする空間にある。地位協定や主権は大事な問題だが、本土の政治・言論空間では古い問題とみられている。この構図を打破しない限り、なかなか全国の問題とはならない」

――沖縄と本土の差もある。

「安保改定の頃は、保革がナショナリズム的に理解し合える空間があった。しかし冷戦が終わり本土では革新陣営が衰退し、全体的に保守的な空間になっている。一方の沖縄では広大な米軍基地あるが故に保革の対立が存続するばかりか、革新の主張がリアリティーをもって受け入れられる空間にある。そうすると沖縄と本土の議論がかみ合わなくなる。本土は沖縄に左翼のレッテルを貼り、沖縄は本土をあまりに保守的だとみてしまう。対話の土台をつくらなければ前に進まない」

――打開策は。

「特効薬はない。憲法９条と安保条約からなる戦後の安全保障体制を国民が一度立ち止まって根本から吟味する必要がある。『戦後』を越えるための本質的な議論を始めることが大事ではないか」

◎条文上は対等、裏では「密約」

琉球大学准教授　山本　章子氏（安全保障論）

――日米地位協定の発効から60年になる。

「前身の日米行政協定は成立の際、国会での議論がなく、占領軍の特権が残る内容だったことなどから評判が悪く、改定は国民的な懸案になっていた」

――日米安保と同時に改定された。

「安保改定の交渉は1958年10月に始まった。岸信介内閣は当初、行政協定を改定するつもりはなかった。米側が行政協定に手を付けないことを安保改定の条件としたからだ」

――契機は。

「三木武夫ら自民党内の反岸派が『行政協定を全面改定しなければ、安保改定を支持しない』と主張した。安保改定を外交実績としたい岸内閣は、交渉せざるを得なくなった」

――米軍部が抵抗した。

「既得権益を守るためには当然だった。外務省は実質的に既得権益を残したまま改定する手法を考えた。つまり、条文上は対等と見せかけ、裏で『密約』ともいえる合意議事録を結んだ。日本側が提案、米側が同意した。日米地位協定は新安保条約と一緒に国会で審議されたが、合意議事録は審議されていない」

――合意議事録はほとんど知られていない。

「２００４年の沖国大への米軍ヘリ墜落事故で、基地の外にもかかわらず米軍が一方的に現場を封鎖した。地位協定の条文を読んでも根拠がない。マスコミが外務省に問い合わせ、合意議事録が根拠と明らかになった。ただ、地位協定との関係は理解されなかった。私の研究は合意議事録が地位協定に反した内容でありながら、地位協定より上位に立つ点を検証した」

――沖縄で多くの不条理を生み出している。

「１９６０年には沖縄とそれ以外の本土で米軍基地の面積の割合は1対1で、基地問題は一般国民にも可視化されていた。それ以降、日本政府は基地問題の解決を安保や地位協定の改定ではなく、米軍の既得権益に触らず米軍基地を国民から見えにくくする政策を続けた」

「その結果、沖縄に基地が集中し、しわ寄せがきている。本土では基地が見えづらく、さらに見せかけの主権が保たれているため、地位協定や合意議事録は国民的な議論になりづらい。政府も政治的なコスト、リスクを負ってまで地位協定を変えようとしないだろう。沖縄から地位協定の運用改善や改定だけではなく、合意議事録にも目を向け、声を出していく必要があるのではないか」

◎改定に向けた世論の喚起などで政治を動かす

ジャーナリスト　吉田　敏浩氏

――行政協定改定に関わる外交文書を分析してきた。

「日本政府は地位協定の改定に後ろ向きだ。しかし、以前からずっとそうだったのかと疑問を覚え、外交文書を調べた。情報公開法により開示された文書を読んで驚いた。当時の各省庁の官僚たちが真の主権回復を強く願っていたことが伝わってきた」

――当初、日本側は主権回復に意欲的だった。

「当時は敗戦と占領時代の体験のある官僚が多く、日米安保の必要性は理解しつつも、対米不平等を少しでも解消し、独立国にふさわしい状態に近づきたいとの思いが強かったのではないか。1950年代、米軍の自由勝手な基地使用と軍事活動による事故・事件が相次ぎ、反米感情と反基地運動も広がっていた。それに対処するため、米軍の特権に対し一定の枠をはめる行政協定改定が必要との認識も、官僚機構の中にあったのだろう」

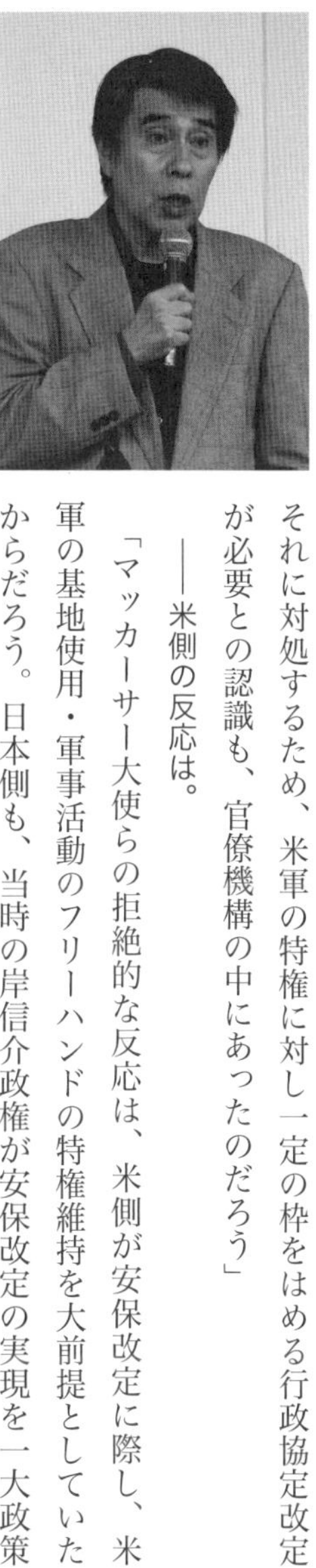

――米側の反応は。

「マッカーサー大使らの拒絶的な反応は、米側が安保改定に際し、米軍の基地使用・軍事活動のフリーハンドの特権維持を大前提としていたからだろう。日本側も、当時の岸信介政権が安保改定の実現を一大政策課題としており、行政協定改定をめぐる米側との摩擦は避けたかったはずだ。だから米軍の特権見直しを主張しなかったのだろう。その結果、地位協定と改称され、条文の変化はあったが、米軍優位は変わらずに続いた」

——60年間も改定せずに不平等な状態が続いている。

「行政協定から地位協定に改定する交渉の中で、日本政府は各省庁から意見を聞き取り、57項目の要求を米側に提示した。その独立の気概を内に秘め、米軍特権見直しを目指した当時の官僚の伝統は消え去ったのだろうか。政府は思考停止に陥ったように地位協定の改定に目を向けない。しかし、米軍機の危険な低空飛行や騒音公害、墜落や部品落下の事故、基地の環境汚染、米兵犯罪などが後を絶たない。国民・市民の生命と人権を守るため、駐留外国軍隊に規制をかけるのは独立国の政府の役目だ。地位協定の抜本的改定は急務である」

——改定には何が必要か。

「ドイツやイタリアでは米軍に対し航空法や環境法令など国内法を原則適用し、必要な規制をかけているのに比べ、日米地位協定がいかに米軍優位で不平等かが広く知られていない。全国知事会の地位協定抜本的見直しの提言を受け、同様の意見書が地方議会で採択されつつある。こうした地域での取り組み、市民とジャーナリズムによる地位協定の問題追及、改定に向けた世論の喚起などを通じて、政治を動かしていく必要がある」

◎基地を取り巻く問題を国内法で可視化へ

沖縄環境ネットワーク世話人　砂川　かおり氏

「平時と戦時を区別せず、日米の国内法も適用されない。米軍内部の行政基準に基づいて在日米軍に基地運営の権限と裁量を与えている」――60年改定されない日米地位協定の問題点を、沖縄環境ネットワーク世話人で沖縄国際大学講師の砂川かおり氏はこう切り出した。

沖縄県内の超党派「日米地位協定改定を実現するＮＧＯ」の事務局長を務めた経験がある。

２００４年３月に発足し、沖縄弁護士会、連合沖縄、米軍人・軍属による事件被害者の会、経済人、研究者らが幅広く参加した。代表理事に比嘉幹郎氏と親泊康晴氏が就任した。保守県政で副知事だった比嘉氏と、革新市政の助役だった親泊氏は、１９８４年の那覇市長選挙では一騎打ちを繰り広げた。初当選した親泊氏は４期16年務めた。２人は「いろいろな考えをまとめるＮＧＯの象徴」といわれた。

地位協定は改定されず、米軍の事件・事故が発生した際における通報基準が不明確なことや自治体への情報提供が不十分なこと、基地返還後の跡地から発見された有害廃棄物の影響で都市開発に遅れが生じた問題など、課題が山積みのままだ。

砂川氏は「日米地位協定に国内法の米軍への適用を明記させ、在日米軍を国内法で可視化する必要性がある」と強調する。

米軍基地周辺で有害な有機フッ素化合物「ＰＦＯＳ（ピーホス）」が高濃度で検出されても、米軍が認めなければ、日本側が米軍基地内に立ち入り、調査することはできない。

基地を取り巻く問題が県民に「可視化」されない事態に、砂川氏が注目するのは住民の問題提起とマスコミの報道姿勢という。

ＰＦＯＳ問題は、住民やマスコミの調査、報道で詳細が明らかになってきた。「多くの人々がこの問題に関心を持ち、米国の行政文書と基地外で起こっている環境変化を照合し、声を上げげた成果」と評価する。こういった動きが改定に向けた議論の呼び水になることに期待を寄せ「地位協定が改定されなくてもやれることはある。問題を一つひとつ解決することが法律や政策を変える」と展望する。

国内法の順守には、軍の派遣国と受け入れ国の間で主権免責を制限する「国際協定」の適用を打ち出す。イタリア軍の基地を使用する在伊米軍は、国際協定でイタリアの国内法が適用されていることを代表例に、「イタリアのように国内法を適用とするならば米軍基地を全面返還させ、跡地を自衛隊基地にして米軍に利用される方が可視化しやすい。そのような議論を始める時期に来ているのではないか。地位協定に日本のルールを書き込まなければ、時の政権によって都合の良い解釈を繰り返す」と、危機感を募らす。

国内に米軍基地が置かれている自治体は限られる中、沖縄から何ができるか。国民全体を巻き込んだ安全保障の在り方を求めている。

6　沖縄県政の試み、取り組み

✺95年以降、地位協定見直し訴えるも高い壁

沖縄県で日米地位協定見直しを求める声が一気に高まったのは１９９５年、県内の民間地域で発生した公務外の米兵３人による少女暴行事件がきっかけだった。容疑者は基地内に逃げ込み、日本側が起訴するまで米軍が容疑者を拘束した。

95年10月21日の地位協定見直しを要求する県民総決起大会には約10万人が集結し、怒り、抗議した。革新系の大田昌秀知事と、98年の知事選で保守系候補として大田氏と争うことになる、沖縄県経営者協会の稲嶺恵一会長が、同じ壇上に並ぶ光景は超党派を象徴した。

稲嶺氏は「本来、安全保障のために駐留している米軍が、逆に地域住民の安全を阻害している」と訴え、大田氏は「一番に守るべき少女の尊厳を守れなかったことを心の底からおわびしたい」と頭を下げた。

同年11月、大田知事は村山富市首相との会談で、米軍犯罪の被害者に対する日本政府の補償など10項目の見直しを正式に要請した。翌96年の県民投票で、投票率は59・53％、「日米地位協定の見直し」に賛成が89・09％となり、多くの県民が地位協定の改定を求めている実態が数値化された。

98年の知事選で当選した稲嶺氏は、「立場の違う人たちの考え方を最大公約数にまとめる作業は簡単な

ように見えて難しい。しかし、地位協定の見直しで沖縄は一本になった」と振り返る。

沖縄に地位協定が適用されたのは１９７２年5月15日、日本への復帰以降だ。交渉過程で多くの米軍基地が残ることに難色を示した当時の屋良朝苗主席に対し、日本政府沖縄事務所の岸昌（さかえ）所長は、「復帰すれば地位協定が適用される」と説得した記録がある。つまり、地位協定が適用されれば、「今より良くなる」という言い分だった。

一方、基地が集中することで復帰後も不条理が相次いだ。深夜早朝の米軍機騒音、事故を起こしてもすぐに飛行再開、基地外の事件は基地内に逃げ込めば逮捕できない。

米軍統治時代と変わらないじゃないか――。そんな怒りが爆発したのが95年の大会だった。

日米両政府は沖縄の怒りを静めようと、運用改善に合意するものの、米側の裁量に委ねる内容がほとんどだった。稲嶺氏は２０００年、運用改善では不十分として、条文別に19項目の見直し案を作成し、政府に提出した。翌01年の訪米でパウエル国務長官ら米政府関係者と面談し、見直しの必要性を説明した。

全国知事会への働き掛けや、米軍基地の所在する自治体への「全国行脚」で協力を求めるなど、精力的に訴えた。改定を求める全国自治体の議会決議、日本商工会議所や連合の決議、自民党国会議員の勉強会発足など、全国的なうねりにつながった。

しかし稲嶺氏は、「全国で議論する第一歩を踏み出したが、改定までには、その先に何千歩、何万歩もあった。日米安保体制や日本の防衛の在り方など全体的な議論の中で、地位協定の問題を解決しなければならないと痛感した。大きなゾウの鼻や尻尾の話だけをしていても政府は動かない」と、道のりの険しさを表現した。

稲嶺氏の後継で06年初当選の仲井真弘多知事も、沖縄関係閣僚との面談や訪米などあらゆる機会に改定を要求した。２０１２年10月、県内で米兵２人による女性暴行事件が発生した際には、「日米地位協定が諸悪の根源という感じさえする」と述べ、「運用改善だけでは無理だ」と、改定に取り組まない日本政府

歴代知事の日米地位協定改定に関する主な発言

大田昌秀知事（1995年11月5日 村山富市首相と会談）

「(9月の事件後)基地を提供している国から謝罪がなかった。一言あってしかるべきだ。普通の主権国家なら犯罪があれば、捕らえ、調べ、起訴する。ところが地位協定によって起訴前には容疑者が引き渡しされない。地位協定を見直さなければならない」

稲嶺恵一知事（2003年6月13日 全国行脚で地位協定改定を訴える）

「地位協定改定は県民の総意。国民世論を盛り上げないと政府は動かない。そのためにも全国行脚で基地のある自治体に改定に向けた協力を求めるのは重要だ。濃淡はあるが、基地問題を肌で感じているという意味で共通点がある」

仲井真弘多知事（12年10月17日 米兵２人による女性暴行事件に抗議）

「正気の沙汰ではない。日米地位協定では米兵は公務中に日本の法律を守らなくていいとなっている。地位協定が諸悪の根源という感じさえする。運用改善と言うが、米軍が嫌だと言えば『ではご自由に』と同じ。改定してほしい」

翁長雄志知事（17年9月11日 17年ぶりに県の地位協定見直し案を刷新）

「米軍の事件事故に県民の怒りが限界を超えつつある。現状は県民が何かものを言うとたたかれ、言わなくなるとやっと分かったか、となる。米軍基地の集中する沖縄からこういう要請をしっかりとやらなければならない」

玉城デニー知事（19年7月28日 フジロックフェスティバルに出演）

「凶悪な事件や米軍機事故が後を絶たないのは広大な米軍基地があるためだ。日本と米国の協定の問題を多くの国民に『自分事』としっかり捉えてもらいたい。運用改善がどうかとの問題ではない。抜本的な改定に向け、不退転の決意で取り組む」

※肩書きは当時

の姿勢を強く非難した。

沖縄の保守系知事の訴えにも関わらず、日本政府は地位協定を改定するどころか、米側に交渉を呼び掛けたこともない。

✺稲嶺恵一元知事（1998〜2006年在任）改定要求の国民的コンセンサスを

——日米地位協定は、一度も改定されていない。

「沖縄懇話会のメンバーで秩父セメント会長だった諸井虔さんから言われ、今でも正しいと思っているのは『沖縄がどんなに強く言ってもダメ。国民の60〜70％のコンセンサスを得る必要がある』という言葉だ。知事になって、マジョリティー（多数派）を動かさないと物事は動かないと考え続けた。沖縄が一本になった地位協定の問題で、国民のコンセンサスを得れば、それを突破口に沖縄問題への理解が深まると地位協定改定に取り組んだ」

——2003年に全国行動プランに出る。

「米軍基地の所在する13都道県（当時）を私と比嘉茂政副知事で回った。知事や議長に要請すると、何らかの不満を抱え、不平等を感じていた。受け入れてくれたことは自信になった」

——機運は高まったが、改定は実現していない。

「地位協定の具体的な問題点を日米両政府は認めている。だから何度も運用を改善しているのだ。なぜ改定しないのか。それは日本の防衛の在り方や米軍と他国で結ぶ地位協定との関係など、多くの問題を内在しているからだ」

――日本にも問題がある。

「自民党と社会党の対立構図となった『55年体制』が関わる。自民党は憲法を弾力的に解釈し、社会党は反対を言うだけで、強く行動しなかった。自社のなれ合いによる負の遺産だ。なかでも防衛や安全保障の問題をアンタッチャブルにしてきた弊害は大きい。米国の言いなりとなった日本は、虎の尾を踏む日米地位協定の改定に及び腰になった」

――防衛の在り方といった大枠の議論がない。

「私が2003年にフィリピンでアロヨ大統領と観光や経済の交流促進をテーマに会談した際、下院議長の公邸で議会の最高位の勲章を授与された。米軍基地跡地の視察では、ヘリコプターを降りると千人近い住民の歓迎を受けた。86年間の人生で後にも先にもないほどの歓迎ぶりだった」

フィリピンのホセ・デベネシア下院議長から授与された勲章を掲げる稲嶺恵一元知事

――なぜか。

「沖縄の負担を軽減するためにフィリピンで米軍の訓練を大いに受け入れてほしいとお願いしたからだ。フィリピンは政治情勢から米軍の撤退を求め、1991年に米軍基地が返還された。その後に起きたのは、フィリピン周辺での中国の海洋進出だ。2003年当時、フィリピンは相当な危機感と恐怖感を持っていた。自分たちで出て行ってほしいとお願いした米軍に、『再び来てください』とは言い出せない。だから沖縄の要求は渡りに船だった。しかし、私はこういった経験を踏まえてもなお、米国に頼るだけではなく、主権国家として日本の外交、防衛の在り方を自分たちで考える、議論する、米国と交渉するべきだと思う」

——国民の目を向けるのは非常に難しい。

「沖縄戦や復帰前の沖縄を知る人、命懸けで沖縄問題に取り組む政治家がいなくなった。より難しい時代になった」

——それでも地位協定改定を訴えるしかない。

「差別だ、不平等だ、だから変えろ、では物事は進まない。沖縄が一本になり、国民のコンセンサスを得る歩みを続けるしかない」

✺翁長雄志前知事：日本の対米従属に警鐘、「弥縫策」でない解決を

「今の日本の米国への従属ぶりを見ると、日本国憲法の上に日米地位協定があるかのようだ」

2018年8月8日に亡くなった翁長雄志前沖縄県知事はその12日前、最後の記者会見となった名護市辺野古の新基地建設に伴う埋め立て承認撤回を表明する場で、日本の主権国家としての在り方に警鐘を鳴らした。

告別式で、長男の雄一郎さんは「父は沖縄と同じくらい日本という国を愛していました」と弔辞を述べ

た。二男の雄治さんは「愛しているからこそ、沖縄に過重な基地負担を押し付けるやり方に最後まで異を唱え、改善しようと声を上げ続けたのだろう」と、翁長氏の胸の内を代弁した。

在任中、米軍関係の事件事故が相次いでいた。２０１６年４月、米軍属の男がうるま市内で女性を暴行目的で殺害した。２０１７年12月、宜野湾市の普天間第二小学校の運動場に米軍ヘリが重さ7・7キロの窓を落とした。

日米両政府は地位協定の対象となる軍属の範囲を見直し、また「最大限可能な限り学校上空の飛行を避ける」と合意することで、再発防止策とした。

亡くなる12日前の記者会見で主権とは何かを問う翁長雄志知事。2018年７月

翁長氏はいずれも「話くゎっちー（話のごちそう）だ」と真に受けなかった。長年の政治経験から「弥縫（取り繕う）策に過ぎない」と、問題解決にはつながらないことを熟知していたのだ。

沖縄県は17年9月、地位協定見直し案を17年ぶりに刷新した。16年12月の名護市沖でのオスプレイ墜落事故で、日本側が事故原因の捜査や機体の差し押さえなどができなかったことなど、新たな問題点に対応できるよう11項目を追加した。翁長氏は「県民の怒りは限界を超えつつある」と述べ、改定の必要性を強く訴えた。

後を継いだ玉城デニー知事も、改定に向けた全国的な議論を高めようと取り組んでいる。東京や大阪、名古屋などで、トークキャラバンを展開。沖縄と米国の協定ではなく、日米の協定であり、全国民が「自分事として捉え、考え、解決策を見いだしてほしい」と直接呼び掛けている。

19年7月には、若者が多く集まる国内最大級の野外音楽イベント「フジロックフェスティバル」で、地位協定の問題を提起。同じように全国行脚を展開した稲嶺恵一元知事は「過去にない知事像。面白い試み」と関心を寄せる。

県は18年2月以降、ドイツ、イタリア、ベルギー、イギリス、オーストラリア、フィリピンの6カ国と米国が結ぶ地位協定を調査した。欧州では受け入れ国の国内法が米軍に適用されることが分かった。米軍のヘリ部隊が豪州に配備される際には、ヘリを分解、洗浄し、豪州検疫当局の検査を受けることも判明した。他国地位協定調査を主導してきた謝花喜一郎副知事は「突き詰めると主権国家としての自覚の問題。他国と比較し、日本はこれでいいのか、と国民全体で考えていただきたい」と調査の成果と意義を強調した。

✺玉城デニー知事(2018年〜)
基地問題は全国民の問題、「自分事」として

——米軍基地の集中する沖縄で、日米地位協定の問題は大きい。

「沖縄では米軍の事件、事故、日常的に発生する航空機騒音、PFOS(ピーホス)などの環境問題、実弾射撃訓練による原野火災などを抱え、県民生活にさまざまな影響を与え続けている」

——県は見直しを求めるが、政府は「運用の改善」で解決しようとする。

「県はこれまで3度、見直しを要請した。政府はまったく手を付けようとしない。米軍に裁量を委ねる

形の運用の改善や補足協定の締結では不十分である。米軍に起因する事件、事故、環境問題を抜本的に解決するには地位協定の見直しがなんとしても必要。抜本的な見直しに向け、多くの国民に自分事として捉えていただける機会をつくりながら、解決への方向性を見いだしていきたい」

――国民的な議論に広がらない。

「戦後、各地で激しい反対運動にあい、1950年代に多くの米軍基地、部隊が本土から米施政権下の沖縄に移ってきた。多くの国民に米軍基地の存在は不可視化され、見えない状態になった。米軍基地や日米安保の問題を自分事として捉えられず、そのため地位協定の改定が国民的な議論に至らなかったと思う」

「地位協定改定なしに基地問題を根本的に解決する手段はない」と強調する玉城デニー知事。2020年4月

――全国トークキャラバンの反応は。

「2019年度、東京、名古屋、大阪、札幌でトークキャラバンを開催した。各会場とも満席で、地元のテレビ局、ラジオ局でも生出演を含め、大きく取り上げていただいた。その場所に出向いて、伝えることが非常に重要と感じた」

「名古屋では過去の米軍機墜落事故の事例を取り上げた。札幌では沖縄本島と札幌市の面積、人口がほぼ近いということで、札幌市内に全国の7割の米軍専用施設が置かれたらどうなるか、地図を広げて考えてもらった。自分事に置き換えてもらいたかった。アンケートを回収すると7割以上が『理解が深まった』と答えた」

——他国と米国の結ぶ地位協定を調査した成果は。

「日米地位協定の問題点を明確化し、見直しに関する理解を深めるために県は他国地位協定を調査した。ドイツ、イタリア、ベルギー、イギリスの4カ国では各国が国内法を米軍に適用し、空域を自分の国で管理するなど米軍をコントロールし、自国の主権を確立していた。米軍は法律の順守は当然であると理解している。オーストラリア、フィリピンでも同じように主権を確立している」

「米軍に原則国内法が適用されない日本の状況と大きな違いがあることを浮き彫りにした。全国知事会でも報告し、地位協定の見直しに関する理解は全国に広がりつつある」

——地位協定のほかにも沖縄問題は山積する。

「歴代知事は地位協定の抜本的な見直しを訴え、実現に向けて多大な努力を積み重ねてきた。地元県民、知事の危機感や切迫感は伝わっていると感じる。日米同盟や日米安保、地位協定は沖縄と米国の問題ではなく、全国の問題、全国民の問題である。つまりわが国における民主主義の尊厳の問題であることを普遍的な価値観として互いに語り合いたい」

「地位協定の問題を自分事、民主主義の問題と捉えてもらうことで、普天間飛行場や辺野古新基地建設の問題など基地負担も沖縄だけの問題ではなく、自分事であり、民主主義の問題として捉えるべきだと理解をしていただけると思う。そのための努力を、創意工夫しながら一歩でも前進させたい」

第4章

本土よ—沖縄から問う

兵士をつり下げ住宅地上空などを旋回する米海兵隊ヘリ。2010年4月7日、名護市辺野古

辺野古新基地を止めるため、沖縄県民は民主主義の枠内で考えられる全ての手段を尽くしてきた。古くは1997年、名護市民投票で反対多数の結果を出した。近年は知事選や国政選挙で反対の候補者を勝たせ続けてきた。投票行動だけで政府を止められなければ基地のゲート前に座り込み、非暴力の抵抗運動に身を投じた。物理的抵抗と並行して、最終的な民意の表明手段として実現したのが2019年2月24日の県民投票だった。初めて辺野古に絞って全県民の意思を問い、反対72%という明確な結果を出した。今度こそ「ボールを本土に投げた」。誰しもそう考えた。しかし、政府は工事を止めない。本土の多数はそんな政府を支持している。一体、ボールは誰かが受け止めてくれたのか。それとも、どこかに消えてしまったのか。沖縄出身の伊集竜太郎記者、東京出身の阿部岳記者が問う。

✺「基地いりませんか」街頭調査 ユーチューバー、九州に飛ぶ

道行く人にマイクを向け、「あなたの街で普天間飛行場を引き取りませんか」と問い掛ける。2019年6月、ユーチューバーの多嘉山侑三さん（35歳）は九州にいた。

自宅のある名護市では、辺野古新基地の建設が進む。しかし、この基地の滑走路は1800メートルと短く、緊急時に増派される米軍機を受け入れられない。現在の米軍普天間飛行場にはあるこの緊急時使用機能を肩代わりするため、航空自衛隊の築城基地（福岡県）と新田原基地（宮崎県）で滑走路

延長や弾薬庫整備の計画が進んでいる。「それなら一部と言わず普天間ごと引き取ってもらおう」と、多嘉山さんは考えた。

どちらかの基地に空白の機能を集約し、もう一方を普天間にいる海兵隊航空部隊の代替基地とする。辺野古に比べて圧倒的に工期は短く、費用は安い。海兵隊員を乗せる強襲揚陸艦の母港、佐世保基地（長崎県）にも近い——。

こうした内容の「代案」をまとめ、賛成か反対か、基地に近い3カ所の街頭でシール投票をお願いした。

福岡市の繁華街で2019年6月、シール投票を呼び掛ける多嘉山侑三さん（提供）。ロケの様子は東アジア共同体研究所が動画配信している

「福岡に基地？　とんでもない」と立ち去った女性がいた。

話し込んだ末、「この質問はずるい。そりゃあ日本中どこも基地は引き取りたくない」と話す男性もいた。最初「めっちゃいい」「（振興策で）この地域を大きくしたい」と言っていた若者たちは、米軍機事故がつきものだと知ると「超絶反対」に転じた。

一方、「私は日米安保条約に反対だが、引き取る議論をしないと皆が話に乗ってこない。それは嫌、ならば帰ってもらおう、という流れになれば」と賛成にシールを貼った男性がいた。別の男性は地元選挙区を指して「国防が大切だという衆院議員を選んでいるんだから、持ってきたっていい」と賛成した。

考え込む人も多かった。2児の父は「部品が落ちてくるとか、怖いのは正直ある。ただ、これ以上沖縄に基地を押し付けていいのか」。女性は「移住するのが怖いくらい、沖縄を難しい立場に追いやっている。じゃあ福岡に造っていいね、と言われたらやめてよ、と」と率直に語った。

3カ所の投票合計は賛成17票、反対35票だった。多嘉山さんはどんな意見にも反論せず、沖縄の実情について情報提供するよう努めた。「投票結果より、多くの人が一緒に考えてくれたことが良かった」と振り返る。

「実感として、本土ではあまりに基地問題が知られていない。沖縄からどんどん議論を投げ掛けていくべきだと思う」。旅から帰った後も、動画の発信を続けている。

✺新田原基地の地元は…「米軍化」の進展懸念

米軍普天間飛行場の移設先としてユーチューバーの多嘉山侑三さんが、私案で「名指し」した宮崎県の航空自衛隊新田原基地の地元・新富町（しんとみちょう）を、2019年8月に訪ねた。

町議会の揖斐（いび）兼久議員（61歳）は元航空自衛隊のパイロットで、那覇基地に勤務した経験がある。多嘉山さんの提案について聞くと、「全くナンセンス。米軍は地政学的に重要だから沖縄に存在する」と一刀両断した。

小嶋崇嗣（そうし）町長（48歳）はすでに多嘉山さんの提案内容を知っていて、言下に否定はしなかった。「新田原にもすでに騒音被害がある。なし崩し的に、負担できる所に負担させていくというのは駄目だ。地域振興との折り合いも含め、全国的にきちんと話し合わないといけない」

新田原には空自のF15戦闘機などが配備され、住民による爆音訴訟も起きている。1980年に嘉手納基地の米空軍との日米共同訓練が始まり、2006年の米軍再編に基づく米軍単独訓練の移転がそこに重なった。普天間返還に備え、緊急時の航空機受け入れ機能を分担する駐機場建設などは2020年1月に始まった。

普天間飛行場返還後、一部機能を担う航空自衛隊新田原基地。2019年8月、宮崎県新富町

戦前の陸軍飛行場に起源がある「自衛隊の街」新富町だが、「米軍基地化」には懸念が広がる。

町議会の永友繁喜議長（65歳）は2007年に移転訓練が始まった当初、同僚議員とともに夜の街に繰り出す米兵たちを「監視」した。九州防衛局から米兵が入った飲み屋の場所を聞き、店の前で待った。

「米兵を犯罪者扱いするのか、という指摘もあって途中でやめた。ただ、実際に事件や事故がかなりある以上、厳しい目で見ざるを得ない」と語る。

その後、「厳しい目」と裏腹の動きも出てきた。町議会は2014年、沖縄の負担軽減を「喫緊の課題」とする決議案を全会一致で可決した。負担をさらに引き受け、肩代わりするようにも読める文案で、山口県岩国市議会に続く可決だった。

当時、新富町には再編交付金の10年の期限が２０１６年度で切れることへの危機感があった。永友議長は「国がやると決めたら、私たちが反対してもやるだろう。賛成しておかないと交付金は出ず、騒音だけ残ることになりかねない。みんな葛藤があった」と説明する。

議会最古参の７期を務める共産党の吉田貴行議員（64歳）は当時落選中で、採決に加われなかった。「日米共同訓練が始まる時は激しい反対運動があった。徐々に押し切られ、反対しても仕方がないという雰囲気になっている」と嘆く。

新富町からも、政府の「アメとムチ」の手法がよく見える。警戒と諦めが交錯する中、小嶋町長は「総論賛成、各論反対では沖縄の負担も減らないし、国防も成り立たない」という基本的な立場を表明している。

✹東京の「銃剣とブルドーザー」砂川闘争、基地拡張阻む

１９５７年７月８日の夜明け前、東京都砂川町（現立川市）の米軍立川飛行場前だった。この日に19歳の誕生日を迎えた大学生の島田清作さん（81歳）は、結集した千人規模の群衆の先頭に立ち、警官隊と対峙した。国は、飛行場内にある住民の土地の収用に向け、測量を強行しようとしていた。

滑走路延長計画が町に通告されたのは１９５５年のことだ。住民らは、座り込んで反対した。高齢者や赤ちゃんをおぶった女性など幅広い世代が参加し、学生や労働組合も支援して数千人単位の運動に発展した。米軍機が飛行停止となった１９６９年まで約15年間続いた「砂川闘争」だ。

１９４５年の終戦後、米軍は日本の陸軍が使用していた同飛行場を９月に接収。１９４６年２月には北

側の農地を「銃剣とブルドーザー」で強制的に取り上げた。その後、米軍が沖縄の土地収用で使った手法の原型がここにあった。

立川市発行の冊子「立川基地」は、米軍進駐後の当時の様子をこう記す。

〈占領軍の兵士の中には市民に乱暴を働くものも少なくなく、極端な場合は夜、民家に押し入ったり女性に暴行を加えたりする事件がいくつも起こった。それでも被害者は泣き寝入りで、補償はおろか告訴することも不可能だった。新聞ですら『背の高い人』とか『色の黒い人』とかいった曖昧な表現でしか報道できない、いやな時代だった〉

警官隊が押し込む鉄条網を靴底で制止する島田清作さん（右端）ら。1957年7月8日、東京都・砂川町（島田さん提供）

1966年には離陸に失敗した米軍機が農地に突っ込み炎上した。民間地への流弾や米軍機の騒音被害が相次ぎ、市民生活は脅かされた。

島田さんは「米軍が新たに接収しようとしたのは住宅地で、郵便局や300年以上続く神社もある町の中心地。町の主要道路も300メートルにわたって分断される。町ぐるみの反対運動になった」と振り返る。

闘争の中で1956年10月には、測量を阻止しようとする住民側に警官隊が実力行使し、住民側に800人以上の負傷者が出た。「土地にくいは打たれても、心にくいは打たれない」。

この時、土地を強制接収された男性の訴えは、闘争の合言葉となった。闘争の末、１９６８年に米軍は拡張計画を取りやめ、翌年に立川での飛行を停止した。１９７７年には、ついに基地が全面返還された。

「基地のない平和な暮らしを送るための闘い。『憲法が国民に保障する自由と権利は国民の不断の努力によって保持しなければならない』という憲法12条を市民自ら実践するものだ」と、島田さんは信念を語る。

一方、沖縄では、県民投票の結果さえ無視する形で名護市辺野古の新基地建設が進む。「沖縄県民が圧倒的な反対の民意を示したのに、けしからん」。砂川闘争と重ね合わせながら、島田さんは日本政府の強行姿勢を批判する。

✺「統治行為論」呪縛の40年 本土の闘い、沖縄とともに

米軍基地拡張計画を巡り、住民らが激しい反対運動を繰り広げた砂川闘争。東京都内に住む島田さんは高校時代の１９５５年、サークル活動で砂川闘争を調べるため初めて訪れた。「土地がないと仕事ができない」「土地を守ることは命を守ること」。住民の切実な訴えを必死にメモし、文化祭で発表した。大学に入り、運動に関わった。

収用に必要な国の本測量が始まる前の１９５７年6月から、町が開放した中学校の講堂に泊まり込んだ。月が変わった7月8日の早朝。集団の最前線にいた島田さんらが基地の柵を倒し、２００人以上が基地内に数メートル入った。

警官隊は、高さ1メートル以上ある二重に巻いたらせん状の鉄条網を装甲車で押し込んでくる。手袋もしていない島田さんらは靴底で押し返して対抗した。

それから2カ月後。基地内に侵入したとして刑事特別法違反容疑で23人が逮捕、うち7人が起訴された。しかし、東京地裁は「米軍駐留は憲法違反」と判断し、違憲の在日米軍を特別扱いする刑特法の条文は無効として全員を無罪にした（「伊達判決」）。

これに対し、検察は高裁を飛び越えて最高裁に「跳躍上告」。最高裁は、日米安保条約は高度の政治性があり、明らかに憲法違反で無効と認められない限りは裁判所の審査権の範囲外（「統治行為論」）だとして地裁判決を破棄した。それから約1カ月後の1960年1月、安保条約の改定が調印された。

測量阻止の現場で鉄条網を足で止めた当時を振り返る島田清作さん。現在は国有地との境を示すフェンスがある。2020年1月、東京都立川市

地裁の差し戻し審は7人それぞれを罰金2千円の有罪判決に。しかし2008年になり、米公文書で新たな事実が判明した。駐日米大使が当時、地裁判決破棄のため日本の外相に最高裁への跳躍上告を促す外交圧力を掛け、最高裁長官とも密談していた。

島田さんは、第9次まで続いている横田基地公害訴訟に支援者として関わる。傍聴した2020年1月の東京高裁の控訴審判決は、伊達判決の破棄時に最高裁が示した統治行為論

を踏襲し、米軍・自衛隊機の飛行差し止め請求などを退けた。沖縄でも本土でも、基地から派生する被害は絶えない。

沖縄の基地の現状をどう解決するか。島田さんは沖縄の日本復帰直後の象徴的な基地問題だった「喜瀬武原闘争」のほか、基地建設に反対する名護市辺野古や東村高江にも足を運んだ。「本土の人間が沖縄で抗議行動に参加するのも大事」と前置きしつつ、こう続ける。「本土にも基地被害があり、本土の人間が本土で声を上げるべきだ。それが全国世論を高め、沖縄を孤立させず、沖縄の基地を動かす力になる」。本土のさまざまな集会に行く度に訴えている。

✺新潟の「県ぐるみ」闘争 米軍去って記憶薄れる

新潟市中心部のカフェで、風間作一郎さん（87歳）が昔の街の風景を教えてくれた。「公会堂が基地司令部になり、米軍車両は自由勝手に走り回っていた。敗戦国の国民として、ピストルを持った兵隊が恐かった」

市内の新潟飛行場（現新潟空港）は敗戦とともに沖縄から進駐した米軍が接収した。ちょうどプロペラ機からジェット機への切り替え時期に当たり、段階的に拡張を計画した。一方、住民も1952年の主権回復を挟んで抵抗を強めていった。

政党、労組、住民が「新潟飛行場拡張反対期成同盟」を結成したのは1955年だ。組合員だった風間さんは当時22歳で、最前線にいた。

この年の9月、新潟市内で約4千人の県民集会が開かれ、運動は最高潮に達する。トラックの荷台がステージになった。各地から農民や漁師が押し寄せ、むしろ旗が翻った。11月には千人の国会陳情団が臨時列車で上京した。

「知事も反対を貫いた」と風間さんは闘いのもう一つの特徴を挙げる。52年4月、保守系の北村一男氏が革新政党の支援を受け、保守分裂の知事選に勝った。政策協定に基地拡張反対の項目があり、北村知事は最後まで土地収用に必要な立ち入り調査の公告を出さなかった。

新潟駅前に立つ風間作一郎さん。「かつては米兵が闊歩し、県民は小さくなって歩いていた」。2019年11月

新潟県や市町村の行政、議会、そして住民を巻き込んだ抵抗は当時「県ぐるみ」と呼ばれた。当時、米軍支配下の沖縄で並行して展開されていた「島ぐるみ闘争」や、同じ保守系の翁長雄志前知事が新基地反対を主導した現代沖縄の状況と重なる構図があった。

新潟でも、米軍は「新潟飛行場は戦略上の立場からぜひ必要だ」と主張した。政府は「この問題は国家事務に属する」と言い、抵抗する北村知事の「罷免」を検討しているとも報じられた。しかし、沖縄の場合とは違って政府が折れ、新潟が勝った。米軍は1958年に去った。そうして基地の記憶は薄れた。

1987年、初開催の嘉手納基地包囲行動に参加するため、風間さんは沖縄を訪れた。闊歩（かっぽ）する米兵、どぎついネオンサイン――。30年前の新潟と重なり、考えさせられた。

新潟で米軍を撤退させた話をすると、運動の仲間でも「沖縄に基地を背負ってもらってほっとしましたね」と言うような人がいた。風間さんは「冗談じゃない」と強く反発した。新潟飛行場にいたのは空軍で、撤退した部隊が直接沖縄に移転したのでもない。

それに、反対期成同盟は「沖縄の原水爆基地に反対し日本復帰を促進しよう」という連帯のスローガンを掲げてもいた。自身も日米安保を解消し、沖縄の基地をなくすべきだと信じてきた。

ただ、それは「自分ごと」だったかどうか。風間さんは「喉元を過ぎれば熱さを忘れる。人間はそういう弱さを持っている」と静かに語った。

✺「基地引き取り」運動 安保支持の責任問う

新潟は1950年代、「県ぐるみ」で日米の新潟飛行場拡張計画を撤回させた。この闘争を研究した新潟大学准教授の左近幸村さん（40歳）は、県史の記述が3行しかないことに驚いた。

「目の前の米軍がいなくなり、新潟ではそれで問題が終わってしまった」

「忘却」への違和感が出発点の一つになった。2016年、「沖縄に応答する会@新潟」を仲間と立ち上げ、「基地引き取り」運動をしている。

引き取り運動は本土が日米安保を支持しておきながら7割の基地を沖縄に押しつけるのは差別だ、と指

「沖縄に応答する会@新潟」による街頭のシール投票。2019年2月、新潟市（提供）

摘する。「基地は沖縄にもどこにもいらない」という平和運動からの批判には、賛否に関係なくまずは基地を引き取って差別を解消すべきではないかと問い返してきた。

左近さんは沖縄を訪れたことがない。「自分が住んでいる国の民主主義を問いたい。沖縄のためではなく自分のため」と公言する。「運動の敷居を下げたい」と思うからだ。

一方、共に活動する新潟県立大学准教授の福本圭介さん（49歳）は辺野古新基地建設に対する抗議行動の現場を繰り返し訪れてきた。2015年、沖縄在住の政治学者ダグラス・ラミスさんを招いた講演会が転機になった。福本さんが辺野古の座り込みの意義を報告した時、ラミスさんは「新潟で座り込みができなくて残念ですねえ」と言った。

福本さんは「背骨を折られるような衝撃を受けた。基地も反対運動も沖縄に押しつけておきながら、自分は反対だから押しつけていない、と思い込んでいた」と振り返る。「現場は辺野古だけじゃない。私は基地を押しつけている本土の現場で、それを止める活動をしようと思った」という。

２０１９年2月の県民投票の1週間前、新潟市の街頭でシール投票をした。２３３人が応じてくれて、「辺野古移設は中止。普天間基地は県外・国外へ」が70％、「辺野古移設を進めるべき」が８％、「その他」が22％という結果が出た。

「沖縄のことを素通りしていく人に声を掛け、立ち止まって自分なりの答えを出してもらう。私たちの運動は、シール投票を大規模にしたような試みだと思う」と語る。

今、全国約10カ所に基地引き取り運動のグループがある。２０１９年刊行された「沖縄の米軍基地を『本土』で引き取る！」が実践を紹介する。考え方はそれぞれ違う。

「本土に沖縄の米軍基地を引き取る福岡の会（ＦＩＲＢＯ）」代表の里村和歌子さん（44歳）は、左近さんとともに本の編集に携わった。「多様な社会、人を一つの方針でくくるのは難しい。それぞれの心に照らして、基地の沖縄偏在を考えてほしい」と望む。福岡では、安保賛成のメンバーを含め、活発に意見を交わしている。

「運動はまだまだ」と言うのは２０１５年、全国で初めて引き取りのグループ「沖縄差別を解消するために沖縄の米軍基地を大阪に引き取る行動」を立ち上げた松本亜季さん（37歳）だ。「全国でもメンバーは１００人いない。もっと生活の場で広げていきたい」と話す。

最近、うれしいこともあった。俳優の吉永小百合さんが沖縄二紙のインタビューに、引き取りの理念と重なる発言をした。「沖縄の痛みを、他県も引き受けていかなきゃ。それが嫌だったら、沖縄にもつらい思いをさせてはいけない」。松本さんは「それが普通の感覚だと思う」と、意を強くしている。

✺沖縄発の県外移設論
住民の怒りを理論化

その本を書き始めたのは2004年8月13日、沖縄国際大学に米軍ヘリが墜落した日だった。『無意識の植民地主義』。15年後の2019年8月13日、同じ日に増補改訂版が復刊された。

野村浩也さん（左）と松永勝利さんが登壇した復刊記念イベント。2019年８月、那覇市

本を貫くテーマは「日本人は沖縄から基地を持ち帰り、植民地主義と決別せよ」という沖縄発の県外移設論だ。沖縄市出身の著者で広島修道大学教授の野村浩也（こうや）さん（56歳）は、那覇市で開かれた復刊記念イベントで、「安保条約を締結した時、沖縄は国会議員の選挙権を奪われていた。基地は一つも沖縄にあってはいけない」「日本人は基地を引き取った上で自分の所でなくすべきだ」と語った。

野村さんが「本を一番きちんと読んでくれた日本人」と呼ぶ松永勝利さん（54歳）が対談した。琉球新報読者事業局特任局長・出版部長。東京出身で、長く記者をした松永さんは「こんなにつらい読書体験はなかった」と打ち明けた。

「沖縄の立場で記事を書いてきたつもりになっていたが、『お前は日本人という特権的立場にいる』と突きつけられた。最初は怒りが湧いたが、だんだん正しい指摘だと分かった」

基地を本土に突き返す主張は、当然と言うべきか、全ての基地を否定する従来の平和運動から拒絶された。野村さんは「孤独な本だった」と2005年の最初の刊行時を振り返る。その後品切れで入手困難になり、高値で取引されていた。

今は違う、と復刊を担当した松籟社の編集者、夏目裕介さん（42歳）は考える。「触発されてきょうだいのような本が出てきた。その本たちが環境をつくり、今度は復刊を呼んだ」とみる。

その本の一つに、金城馨さん（66歳）が2019年3月刊行した「沖縄人として日本人を生きる」がある。大阪市大正区のウチナーンチュとして、県外移設論の広がりを沖縄の外から見つめてきた。

1990年代、米兵3人による暴行事件が火をつけた県民の怒りを背景に、大田昌秀元知事は「負担は等しく共有すべきだ」と発言した。しかし、突き詰めることはなかった。

金城さんは「沖縄人の怒りを理論化したのは野村さん。一時の感情ではなく、県外移設論として持続できるようになった意義は大きい」と語る。

鳩山由紀夫元首相が2009年に「最低でも県外」と言ったことは決定的だった。沖縄県民の胸の内にくすぶっていた県外移設論が、「口にしてもいいこと」に変わった。仲井真弘多元知事ら保守の政治家も県外移設を公約するようになり、普通の言葉として定着した。

金城さんは「結局はリーダーではなく、民衆の意識が政治を動かしてきた。県外移設論の歩みがそのことを証明している」と話した。

✺「新しい提案」基地議論、本土に要求

「ゼロ番地」という言葉に、住む番地に関係なく誰でもできることはある、という思いを込めた。沖縄から2千キロ以上離れた北海道小樽市の平山秀朋さん（51歳）は県民投票翌月の2019年3月、「ゼロ番地で沖縄について考える会」を立ち上げた。

2019年10月、辺野古を見るため来県した平山秀朋さん（右）は安里長従さんを訪ねた。那覇市

市民運動の経験はなかった。ただ、反対多数の投票結果を無視して辺野古新基地工事が進む中、「辺野古」県民投票の会代表だった元山仁士郎さん（28歳）が首相官邸前で発したメッセージが心に響いた。

「とても悲しいです。悔しいです。これは沖縄の問題ではなく、あなたへつながる問題です。もっともっと官邸前に集まりましょう。議会へも働き掛けましょう」

議会への働き掛けなら、自分もできるかもしれない、と思った。たまたま、「新しい提案」が提唱されていることを知った。①まず辺野古の工事を止める、②普天間飛行場の代替施設が必要かどうかを本土で議論する、③必要という結論なら本土の中で移設先を民主的に決める――という内容だ。市議会議員と話し

合い、この考え方に沿った意見書案を２０１９年６月定例会に提出してもらった。

結果は否決だった。市議会は反対に、「辺野古移設促進」の意見書案を可決した。平山さんは「沖縄の問題に取り組もうとしたら、結局小樽の問題にぶち当たった」と述懐する。「私は議会傍聴も議員面会も初めてだった。足元の政治に関わっていかないと何も変えられない」と痛感するようになった。

同じ２０１９年の６月定例会、東京都中野区議会では陳情が１票差で否決された。新しい提案に沿った内容を、議員との調整を経て「県民投票結果を尊重し、民意に寄り添って、最大限の配慮をすること」まで弱くした。それでも駄目だった。

陳情した「中野で辺野古新基地建設問題を考える会」代表の川名真理さん（56歳）は、「ショックだった」と振り返る。ただ、街頭で市民に訴え、署名活動をしたことで、「こういう運動をしなければ会えない議員や市民と議論はできた。沖縄に応答する第一歩になる」と前を向く。

新しい提案実行委員会は全国１７８８自治体の議会に陳情を送っていて、２０２０年６月までに38議会で採択されている。玉城デニー沖縄県知事は２０２０年２月の所信表明の中で東京都小金井市議会などの採択に言及し、「全国で沖縄の基地問題について議論が深まりつつある」と歓迎した。

沖縄県内では辺野古新基地の地元名護市議会などに続き、県議会でも採択された。実行委の責任者で司法書士の安里長従さん（47歳）は「沖縄県議会がイデオロギーではなく民主主義に沿った問題解決を求めた意義は大きい。全国の議会での陳情採択の後押しになる」と期待する。

全国の採択によって「本土で議論を引き受ける」という意思表示が広がれば、辺野古以外の選択肢に現実味が増し、「辺野古が唯一の選択肢」という政府の主張は崩れる。安里さんは「公正、民主的な手続きで辺野古を止める道筋を示したつもり。政府にとっても具体的な対案の方が怖いはずだ」と話す。

✵弁護士の義憤
「超保守」ゆえ、同胞に問う

「超保守的」を自任する沖縄弁護士会の天方徹前会長は言った。「愛する日本人のふがいなさにいら立っている。美しい国などと、どの口がのたまうのか」

会長だった2018年12月、辺野古新基地建設の埋め立て工事で初めて海に土砂が投入される直前の臨時総会で、新基地に反対する決議案を提案して可決された。同様の決議や声明は以前にもあった。だが、この決議は「解決に向けた主体的な取り組みを日本国民全体に呼びかける」点が違った。

工事は民意に反し、沖縄県民の尊厳を踏みにじる、とつづる文面には怒りがにじむ。「本州や九州、北海道や四国で同様の不正義・不平等が生じた場合、日本政府および国民は、正義および尊厳の問題としてこれをとりあげ、解決に向けて、全体で取り組むのではなかろうか」「かような正義感は、沖縄の問題においては、何故に発揮されないのであろうか」

弁護士会は強制加入団体で、政治的表明への慎重論もあった。しかし、天方前会長は「これは人権問題。人権擁護は弁護士の使命だ」と説得し、反対は1票にとどまった。

さらに、本土の弁護士会に同様の会長声明を出すよう文書で要請した。異例のことだが、神奈川県出身の天方前会長は、「私たちの問題ですよね、分かっていますよね、と問いたかった」という。

反応が返ってきた。仙台弁護士会は2019年7月、新基地建設問題は「沖縄に対する構造的差別に由

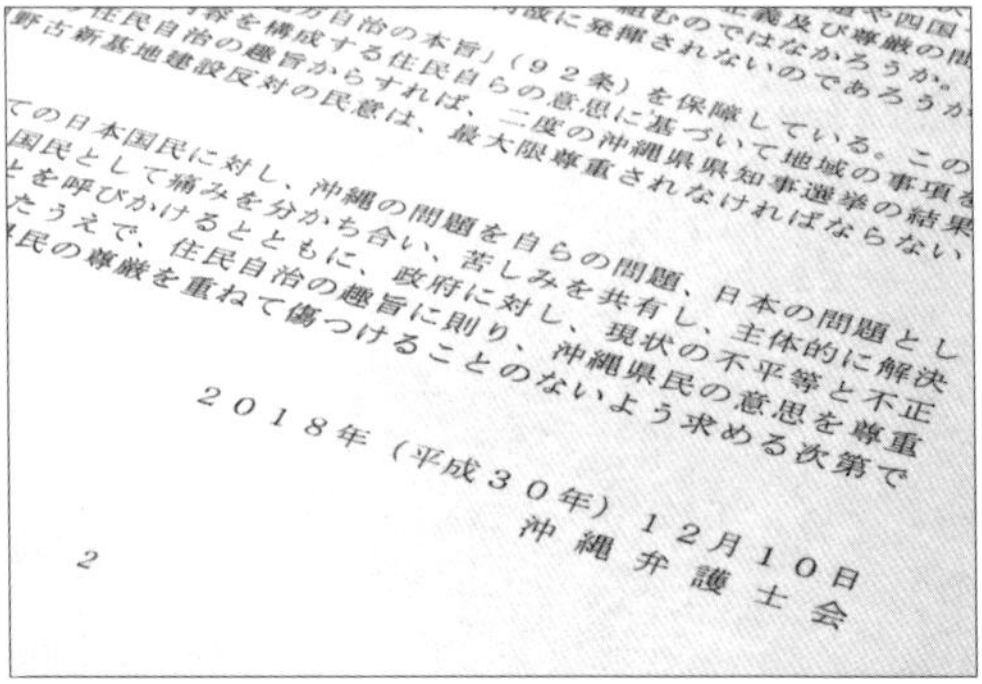
方自治の本旨」（９２条）を保障している。この
を構成する住民自らの意思に基づいて地域の事項を
住民自治の趣旨からすれば、二度の沖縄県県知事選挙の結果
野古新基地建設反対の民意は、最大限尊重されなければならない
ての日本国民に対し、沖縄の問題を自らの問題、日本の問題とし
国民として痛みを分かち合い、苦しみを共有し、主体的に解決
とを呼びかけるとともに、政府に対し、現状の不平等と不正
たうえで、住民自治の趣旨に則り、沖縄県民の意思を尊重
民の尊厳を重ねて傷つけることのないよう求める次第で
２０１８年（平成３０年）１２月１０日
沖縄弁護士会
2

沖縄弁護士会の総会決議。本土に対して「苦しみを共有し、主体的に解決策を模索すること」を呼び掛ける

来する」として、「沖縄問題への主体的取り組みを模索する」との会長声明を出した。「紆余曲折もあった」と、鎌田健司会長は明かす。

仙台では２０１０年にも、当時の会長が新基地建設に反対する声明を模索したことがあった。常議員会に諮ったところ、賛否が真っ二つに割れた。

全員協議会、全員アンケートと手を尽くしても結果は同じだった。「対案もなく無責任」「なぜ遠い仙台で意見を出す必要があるのか」などの異論が収まらなかった。会の運営自体に悪影響が懸念されるようになり、最後は会長が断念した。

19年に鎌田会長が就任した時には、すでに沖縄弁護士会が決議をしていた。「県民投票で民意がはっきりし、沖縄弁護士会からの呼び掛けもあって、声明に到達できた」と説明する。「沖縄の外でも意識は違ってきている」と実感を込める。

全国52の単位弁護士会のうち、最大組織の東京、２０２０年２月の山形を含めて11弁護士会が同様の会長声明を出した。発信元の沖縄を合わせると全国の弁護士数の３分の１を抱える弁護士会が賛同した計算になる。

沖縄弁護士会の赤嶺真也現会長は、「もっと多ければもっとうれしいが、本土の弁護士会と話していると声明に至らなくても辺野古は大事なことだと受け止めてくれている所は多い。ありがたい」と話した。

✴幻の高知移転案
4千メートル滑走路に地元同意

高知県に在沖米軍の航空部隊を移転する。そんな防衛庁（当時）の構想を県や地元が受け入れ、普天間飛行場より長い4千メートル級滑走路の建設に動きだした時期があった。普天間移設が浮上する1996年より前、1990〜1994年ごろのことだ。

中内力元高知県知事が発注したとされる空港構想調査の完成予想図。3500メートルの滑走路が描かれている

キーパーソンは高知県出身の平野貞夫氏（84歳）。後に小沢一郎氏側近の参院議員になる衆議院事務局の職員で、政官界に顔が広かった。

平野氏によると1990年秋、訪ねてきた防衛庁幹部が言った。「冷戦が終わって、政府も沖縄の基地縮小や移設を真剣に考えている」

当初、岩国基地（山口県）の拡張を検討したものの、埋め立てや漁業補償で費用がかかりすぎる。そこで平野氏の出身地、高知県西南地域にある国有地を移転候補地に選んだという。

根回しの依頼を受け、平野氏は旧知の中内力高知県知事（故人）に話を取り次いだ。任期限りの勇退を決めていた中内氏は「心残りは西南地域のへき地対策の遅れだ。空港を造ろうとしたが、運

輸省（当時）は簡易空港しか認めない。防衛庁の話は絶好のチャンスだ」と快諾した。

中内氏はコンサルタント会社に「高知県西南地域における空港設置にかかる構想調査」をまとめさせた。防衛庁も水面下で協力した。「秘」のはんこが押された1991年10月付の概要版には、空港の完成予想図、そして概算事業費3284億円という数字が記された。

米軍の移転には住民の反発が予想された。そこで平野氏は国連平和維持活動（PKO）の資材備蓄や人材育成を担う「PKO訓練センター」と民間空港の性格を前面に押し出した。その後出馬することになった自身の参院選でも公約の柱とした。

一方、その裏に米軍移転があることについては予定地の大半を占める三原村、一部がかかる土佐清水市にも直接伝え、了承を取り付けていたという。

1993年11月には三原村議会が、翌12月には土佐清水市議会が、それぞれセンター誘致決議案を賛成多数で可決した。国会では自民党、公明党、社会党（当時）の議員がセンター建設の必要性をただし、防衛庁長官が「大変ありがたい」などと応じた。

実現の機運は高まったかに見えた。しかし、平野氏によると1994年、当初賛成していた地元の自民党国会議員が反対に転じた。構想に賛同した小沢氏も平野氏も新進党にいて、同年の自社さ政権誕生で野党に転落した。高知県への移転構想は結局、幻に終わった。

実は、小沢氏を政治の師と仰ぐ玉城デニー知事も衆院議員時代の２０１６年、現地を視察している。構想が息を吹き返す政治状況にはないのに、なぜだったのか。高知新聞は、玉城氏のコメントをこう伝える。

「普天間基地をここに移せ、なんて生臭い話じゃないんですよ」「政府が言うように移転先は本当に辺野古しかないのか。県外移設の経緯を明らかにすることが、国民に必要な『気付き』になると思うんです」

✺インタビュー＝平野貞夫元参院議員
防衛官僚の依頼で根回し

平野貞夫氏は衆議院事務局の職員から参院議員に転じ、２期務めた。小沢一郎氏と終始行動を共にし、参謀役と呼ばれた。地元の高知県に沖縄の米軍基地を移す「ＰＫＯ訓練センター」構想は頓挫したが、「沖縄の過重負担はなくさなければならない」と語った。

――「ＰＫＯ訓練センター」構想の発端は。

「衆議院事務局の委員部長だった１９９０年秋、かねて親しかった防衛庁（当時）の幹部が訪ねてきた。『沖縄の基地を縮小できないと、冷戦が終わった証しにならない。本土移転を計画しているが、岩国基地の拡張は費用がかかり過ぎる。平野さんの故郷に国有地があり、４千メートル級の滑走路建設が可能だ。地元説得に協力してほしい』という話だった」

――なぜ衆院の職員に。

「私は国会審議を巡り、政治家だけでなく役人の相談にもよく乗っていた。この防衛庁幹部は『政治家は頼りにならない』と言っていた」

――防衛庁が移転を想定していたのは沖縄のどの米軍基地か。

「明言はしなかったが、当初岩国基地を当たったことからも、同じ海兵隊の普天間飛行場をイメージしていたと思う」

――地元をどう説得したのか。

「中内力元高知県知事には、国の補助事業獲得などで力になったことがあった。話を伝えると不便な地域に空港が造れると大いに喜び、大義

「ＰＫＯ訓練センター」候補地の航空写真を広げる平野貞夫氏。2020年1月、千葉県

名分を考えてほしいと言われた。そこで高知県出身で米国や沖縄とも縁があるジョン万次郎の名を冠したＰＫＯ訓練センターを構想した。防衛庁だけでなく外務省幹部も大賛成で、積極的にアドバイスをくれた」

――なぜ実現しなかったのか。

「中内知事が自身の裁量で使える予算で空港建設の構想調査を終え、防衛庁も周辺自治体の同意が得られればすぐに調査に入ると言っていた。ところが１９９４年になってそれまで賛成していた自民党国会議員や隣接市から異論が出た。真相は分からないが、利権絡みだったと後になって聞いた」

――出身地で米軍基地を受け入れることに抵抗はなかったか。

「それを言っていたら沖縄の負担はいつまでもなくならない。高知県の予定地は山の中で、事件・事故が起きるとしても沖縄のようにはならない。国際社会への貢献や、地元に空港ができる利益の方が圧倒的

に大きいと考えていた。沖縄から見れば本土は冷たいと感じるだろうが、当時熱いものがあったことは知ってほしい」

――県民投票の結果にかかわらず、辺野古新基地建設が進んでいる。

「安倍晋三首相は憲法を破壊している。その典型が辺野古で、私は安倍氏を内乱罪で告発した。2019年9月に不起訴になったものの、検察が捜査をしたことは大きい。この件はメディアがほとんど取り上げてくれなかったが、今後も本土世論を盛り上げるために手を尽くしていきたい」

✺SACOの県外移設志向
分担の心　政争に沈む

防衛省のウェブサイトに「SACO設置などの経緯」と題した文章が載っている。「沖縄県民の方々の御負担を可能な限り軽減し、国民全体で分かち合うべきである」。今に続く基地問題の原点に、実は「県外移設」志向があった。

1995年、米兵3人による暴行事件で県民の怒りが爆発すると、危機感に駆られた日米両政府は日米特別行動委員会（SACO）を設置し、沖縄の基地を減らす検討に入った。

橋本龍太郎首相も節目で「負担を分かち合う」という言葉を使った。元防衛省首脳は「橋本氏は戦中の記憶がある最後の世代。沖縄が惨禍から立ち直ってほしいという強い思いがあった」と振り返る。

しかし、SACOの目玉として普天間飛行場の返還を発表した橋本氏は結局、無条件返還や県外移設ではなく、県内でのたらい回しにかじを切っていく。そうした中、沖縄の抵抗に端を発して嘉手納基地など

屋良朝苗氏の県民葬に参列した橋本龍太郎氏(右)と小沢一郎氏(左)。この後、首相官邸に戻って会談した。1997年4月2日、宜野湾市

12施設の一部土地の使用期限切れが1997年5月に迫った。与党の社民党は暫定使用を可能にする米軍用地特別措置法の改定に反対していた。窮地に陥った橋本氏は野党第1党だった新進党の党首、小沢一郎氏に助けを求めた。

沖縄で屋良朝苗初代知事の県民葬があった97年4月2日、2人は参列して東京にとんぼ返りすると、首相官邸で向き合った。小沢氏は法案に賛成する条件として、基地の縮小や県外移設に拘束力を持たせる法整備を要求した。

翌日の再会談で、両氏は「県民の負担を全国民が担う」「国が最終的に責任を負う仕組みを誠意を持って整備する」という表現で合意する。小沢氏の代理として文案を協議した元参院議員の平野貞夫氏は「法整備を『仕組み』と言い換えた」と証言する。

橋本・小沢会談はこの年の秋以降、自民党が連立相手の社民党を切って新進党に乗り換える布石でもあった。新進党側は合意をてこに法整備の実現を描いた。

だが、自民党内で「自社さ」連立維持派が巻き返す。小沢氏は2年後の1999年に政権に復帰したものの、翌年また

離脱した。政権の枠組みは移ろい、かつて幅広い合意を集めた「負担を全国で」という精神は風前のともしびになった。

その火が再び燃え上がったのは2009年だった。民主党の鳩山由紀夫首相が政権を懸けて県外移設を模索し、そして失敗した。小沢氏は当時、民主党幹事長だったが、党内対立で政策決定から排除されていた。追求してきた県外移設、そのための法整備は、政界の波間に沈んだ。小沢氏は今も「いつまでも沖縄に過重な負担をさせてはいけない」「俺の所は嫌だ、では話にならない」と主張している。

✺インタビュー＝小沢一郎衆院議員 部隊の大量駐留は不要

国民民主党の衆院議員・小沢一郎氏（77歳）は、かつて47歳の若さで自民党幹事長を務め、辣腕を振るった。1993年、自民党を離党して非自民連立政権を成立させ、2009年には民主党政権誕生をお膳立てした。与党と野党の中枢で政治を動かしてきた経験から、基地問題でも「政官財の利権打破」を強調する。

――沖縄の基地について、基本的な考え方は。

「いつまでも沖縄に過重な負担をさせてはいけない。私は『地元の岩手県にどうしてもここに基地を置きたい、という場所があるなら協力する』と言ったこともある。『本土も負担を担わなければいけない。でも俺の所は嫌だ』では話にならない」

――2009年、政権交代直前の民主党代表時代、「米国の極東におけるプレゼンスは（海軍）第7艦隊で十分

「辺野古新基地は海兵隊さえ必要としていない」と語る小沢一郎氏。2020年1月、東京都

だ」と発言した。

「象徴的な意味で第7艦隊と言った。ほかの部隊は全ていらないというわけではないが、実戦部隊が大量に常駐する意味はない。トラブルを起こし、米国の評判を落とすばかりだ。それより、いざという時に使える施設を残しておけばいい。海兵隊も沖縄からグアムに引き始めている。辺野古新基地も、本当は海兵隊さえ必要としていない」

——では、なぜ建設が進んでいるのか。

「利権だ。日本側の利権にすぎない。だから、費用が掛かれば掛かるほどいい。政官財の癒着の構造の中で、これはおかしいと思う政治家がいたとしてもこの利権の構造を打ち破る力を持った政治家はいない。経済界のもうけと役人の天下りのために言いなりだ」

——鳩山由紀夫政権でも、結局辺野古は覆せなかった。

「鳩山首相がどう動いたのかよく分からないが、私なら米国と直接話していた。米国の真意は辺野古はいらないということだったのに、移設ありきで話すから混乱した。普天間を返してもらうだけ、という交渉ができなかった。私の過去の経験（通商交渉）からも、米国はこちらが正論を吐けば合理的な思考をする。玉城デニー知事にも安倍晋三首相ではなく、米政府の要人や国会議員と会ってできるだけ味方を見つけてほしいと伝えている。安倍首相は理念や主張がなく、その場その場でうそを重ねているだけだ」

——改めて、本土の世論を動かすためには。

徳島市で20年前にあった市民投票と、2019年の沖縄の県民投票を通して民主主義を考えたイベント。多くの人が集った。2020年２月、徳島市内

「県民投票の結果を広めていかなければならない。沖縄も反対と言うだけでなく、利権構造をきちんと調べて問題にしてほしい」

✺基地ない徳島から「民主主義の問題」と連帯

徳島市内であったイベントは来場者であふれた。２０２０年２月。吉野川可動堰（ぜき）建設の是非を問い２０００年に徳島市で実施された住民投票と、２０１９年２月の沖縄県民投票を通して民主主義を考える企画だ。会場の片隅で、実行委員会共同代表を務めた伊勢達郎さん（60歳）が見守っていた。

伊勢さんは徳島の住民投票の会元メンバーで、同会で活動するまでは「選挙の投票すら行っていない。そんな程度だった」と、反省を込めて振り返る。

35年前、子どもたちの自然体験活動などを実施するＮＰＯ法人を立ち上げた。「そこで環境問題にはアプローチしているし、いろんな親が来るから政治的なものには関わら

ないと、結局理由を付けて避けていた」

ある日、徳島県内のカヌーイベントに参加し、世界中の川を旅する著名な冒険家が「単に『川は素晴らしい』と言っているだけの人は駄目だ」と話すのを偶然耳にした。政治問題に腰が引けている自分に言われているような気がした。

住民投票の中心メンバーと出会い、可動堰建設の公開討論会で国と市民双方の意見を聞いた。国の主張を、市民側の専門家が客観的に論破した。国がいかに建設ありきで進めたいだけなのかが分かった。

運動に携わって痛感したのは「無関心こそ罪」ということだ。自身のような一市民が無関心でいることが「自然破壊とか世の中を悪い方に向かわせる政治や行政の行為に加担している」と語る。

運動は政党や労組など既存の組織に頼らず、あくまで市民主体を貫いた。9割超が反対票を投じて推進派の市長が反対に転じた。結果、計画は中止となった。

名護市辺野古の新基地建設問題は、全国紙の小さな記事で知っていた。沖縄で県民投票の実施が決まり、「賛否を問わずみんなで語ろう」との呼び掛けが徳島の趣旨と同じだと共感した。

しかし、5市が不参加を表明し、それを打開しようと「辺野古」県民投票の会代表がハンガーストライキを始めたと知った。住民投票に関わった有志で「沖縄県民投票を勝手に応援する会（OKOK）」を立ち上げ、自身も沖縄へ向かった。OKOKが作製したプラカードを県民投票の会に贈り、一緒に沿道で掲げて「投票に行こう」と呼び掛けた。

沖縄で問われたのは米軍基地建設の是非だ。徳島に米軍基地はないが、伊勢さんは「基地のあるなしは関係ない。これは民主主義の問題だ」と捉える。これからも沖縄に関わるつもりだ。

✺本土の米軍機訓練ルート
山あいにごう音、諦めとの闘い

本土にも米軍機の飛行訓練ルートがある。

徳島市内から車で南西へ約2時間半、山あいの道を走ると5町村が合併した那賀町の旧木頭（きとう）村地域がある。人口約1100人。聞こえるのは川のせせらぎぐらいの集落で、住民の玄番（げんば）真紀子さん（52歳）は上空を低空飛行する米軍機の騒音被害や墜落の不安に苦しんでいる。

低空飛行する米軍のオスプレイ。2013年3月21日、徳島県那賀町木頭北川（玄番隆行さん提供）

1998年に大阪から家族で移住した。ある日、公民館で高齢の女性と会話中に真上を米軍の戦闘機が低空で通過した。「バリバリ」とごう音がとどろき、地面が揺れた。心臓が張り裂けそうだった。隣の女性は腰を抜かしてひっくり返った。玄番さんは通報先が分からず、思いついた徳島県庁に電話で訴えた。

那賀町を含む県南部と西部の1市3町は米軍の「オレンジルート」下にある。防衛省の出先機関の沖縄防衛局は「沖縄を含め全国にルートは計6本」とするが、いつから存在するかは「米軍の運用」で把握していないと説明する。那賀町には当時の木頭村議会が「1989年8月以降に低空飛行が頻発している」として翌1990年、低空飛行訓練の中止を求めた意見書が残っていた。

戦闘機やオスプレイが飛ぶ音は山あいの町に響き、パイロットの顔が見える低さのこともある。２０２０年2月には4機の戦闘機が低空飛行した。１９９４年に、高度１５０メートルで飛行していた米軍機が高知県山中の早明浦ダムに墜落した事故も、このルート上での訓練中だった。玄番さんにとって沖縄の基地被害は「人ごとではない」。隣接する他の自治体の住民らとＳＮＳで飛行情報を共有している。

住民の不安と逆行して、徳島県内の米軍機とみられる機体の目撃日数は２０１９年度（２０２０年2月現在）、過去10年で最多の57日に上った。「米軍は諦めさせようとしているのかな」。そうつぶやいた玄番さんはすぐに自らに言い聞かせた。「でも、諦めちゃいけない」。木頭村時代、村長が先頭に立ったダム建設反対の住民運動によって、国内で初めてダム建設を止めた歴史があるからだ。

娘が沖縄の高校に在学した3年間は、名護市辺野古や伊江島など回り、基地の歴史も学んだ。

玄番さんの職業はフリーライターだ。以前、雑誌にこう書いた。「（伊江島土地闘争のリーダーだった）阿波根昌鴻さんは『理解は力なり』という言葉を残した。辺野古の問題は沖縄の人たちに押し付けた私たちの問題であることをまずは心に刻みたい。凄惨な地上戦が行われ、県民の4人に1人が戦没したといわれる沖縄の『命どぅ宝』という言葉の重みを、私たちは心から理解したい」

基地問題を沖縄に押し付ける本土の当事者として何ができるのか。玄番さんは模索している。

✺インタビュー＝全国知事会・飯泉嘉門会長（徳島県知事）

地位協定改定、沖縄と連携

全国知事会の会長は、徳島県の飯泉嘉門知事が務める。徳島県内では２０００年に吉野川可動堰建設の賛否を問う住民投票があった。一方県内には米軍機の飛行訓練ルートもある。2018年7月に全国知事会が全会一致で決議した、日米地位協定の抜本的な見直しなど計4項目の米軍基地負担に関する提言を「いかに具現化できるか。沖縄の基地負担をどう軽減するかだ」と述べ、今後も知事会で取り組むとした。2019年2月にあった沖縄の県民投票では、名護市辺野古の新基地建設に必要な辺野古沖の埋め立てについて、7割以上が反対した。その結果の評価や、政府が投票後も新基地建設を続けていることには「国が判断すべきものだ」と述べるにとどめた。

地位協定の見直しについて、沖縄県が調査している他国事例の結果を、「知事会でも共有して、国にしっかり伝えていく。沖縄は決して孤立無援ではない」として、沖縄県と連携する立場を示した。

――沖縄県は辺野古新基地建設問題について政府と協議してきたが平行線だ。

「協議でらちが明かないから、沖縄は知事の権限で司法に訴える新たな局面が出ている。協議に深みを持たせると思う」

――沖縄県はやむなく司法の場に訴えたと思うが。

「当事者同士で主張が深まらない場合に、第三者の国・地方係争処理委員会や司法に訴える。基地問題以外でも使われている。地方分権が進んだ新たな形だ」

――徳島では国策の吉野川可動堰建設の是非を問う市民投票で9割が反対した結果、中止した。民意を政治はどう受け止めるべきか。

「基地は大きな政治問題で、国防という大きな課題だ。司法の場に持っていったけど難しかったのであれば、デッドロック（膠着（こうちゃく）状態）に乗り上げると違うボールを投げないと難しい」

全国知事会での取り組みなど語る徳島県知事の飯泉嘉門会長。2020年２月、徳島県庁

「フィールドを切り替えるのも一つで、例えば首里城再建という新しいボールを投げる。沖縄も国も全国知事会も一致結束して再建に向けていこうよと。そうした中で『ワンチーム』になってやるからこそ、沖縄に少しでも寄り添っていこうではないかと。沖縄県も政府も『ワンチーム』で玉城デニー知事も話がしやすいし、安倍晋三首相も聞きやすい。今は割と関係は改善したのではないかと思う。こういう時に沖縄の皆さんが知事会の場を使って、沖縄の思いである基地負担軽減や地位協定改定ができないかと（議論ができる）」

――外交や防衛は国の専権事項というが、地方自治と外交・防衛問題の関係は。

「地方自治法にある地方公共団体がやるべき事務に外交や防衛という言葉はない。法治国家なのでそれに従って対応する。県民の安全安心は知事の権限だが、外交や防衛だとなると口を閉ざさざるを得ない。沖縄県知事の訴えが外交や防衛にかかってしまうと、私たちは応援はしたいが直接どうだという権限はない」

「外交や防衛の問題は国と国の問題だ。私たちとしては息長く、我慢強く、県民の安全安心を第一に国に訴えていく。沖縄の皆さんは長い間取り組んできて厳しいと思う。でも今や全国がそうした思いを共有している。沖縄の皆さんはのれんに腕押しだとなるかもしれないが、仲間を増やし、少しでも前に進めることだ」

――知事会の提言で地位協定の見直しを求めているが、協定のどこが問題か。

「はっきり米側に物が言えないのがつらい。事件事故の時に地方公共団体が（基地に）立ち入りできない。環境問題でも発生源となっているのに、なかなか取り合ってくれない」

――地位協定は日本の主権を侵害していると思うか。

「そこは難しいところだ」

✺憲法95条改正論
基地設置に拒否権付与

２０１９年7月に都内で開かれたセミナーで、国内外の住民投票に詳しいジャーナリストの今井一さんが提案した。「憲法95条を沖縄に適用できないか」

95条は、一つの地方自治体のみに適用される特別法を制定するには、同自治体の住民投票で投票者の過半数の同意が必要と規定している。沖縄の県民投票とは違って、投票に法的拘束力がある。

今井さんは旧軍港市転換法の是非など、95条に基づき実施された19件の住民投票を示し、「法の内容は国有地の無償譲与など自治体が歓迎するものばかり。結果は全て賛成多数だった」と紹介した。しかし95条の本来の趣旨は逆で、「国の不当な支配に対する拒否権を持たせるものだ」と強調する。

背景には１８００年代半ば、米国の複数の州が市の自治事務を特別法で管理したことに、「不当な干渉だ」と市側が反発した歴史がある。その後、全米都市連盟が採択したモデル州憲法で、「地方特別法はその地方の選挙人の投票で多数の同意があった時に効力がある」と規定した。95条の理念はこれを踏まえて

憲法95条に基づく住民投票など学ぶセミナー。2019年7月、東京都内

いると今井さんは語る。

一方、東京大学の井上達夫教授（法哲学）は自著『立憲主義という企て』で、独自の憲法改正論を展開する。外国の基地を国内に置く条件に、「設置地域の住民投票で同意が必要」と明記する95条改正も提案している。

井上教授は、今の日米安保体制では「日本は米国が勝手に始めた戦争に無理やり巻き込まれる米国の軍事的属国だ」と強調する。日本の0・6％の面積の沖縄に在日米軍専用施設の約7割が集中するため、「国民の大多数は属国の痛みも危険性もリアリティーをもって感じていない」と指摘する。この問題の解決には、安保体制のリスクとコストを押し付けられる沖縄を含む当該地域の拒否権を、憲法で保障することが必要だと説く。

「この提案だと全ての自治体が設置を拒否でき、『安保体制が崩壊する』と反対する人もいるだろう」。井上教授はこう前置きした上で、それは国民に安保体制のリスクとコストを受け入れる意思がなく、「むしろ安保の存続を否定する根拠になる」と反論する。

沖縄の基地の県外移設ができないのは、基地は必要だが自身の居住地域への設置は反対とする「ＮＩＭＢＹ（ニンビー）」（自分の裏庭でなければいい）のエゴに、本土住民が浸っているからだという。井上教授は本土側が安保のコストを沖縄に集中転嫁しながら、その「便益」だけ求めるのは許されないとくぎを刺す。

「沖縄への基地集中に合理性はない。米国の占領終了後に本土住民の反発を回避するため、当時米軍施政権下にあった沖縄に基地を移し、押し付けただけだ」。井上教授は沖縄が声を上げ続けることは必要だが、その声を実効化するには憲法改正が不可欠だとした。

✺菜の花の沖縄日記
20歳、加害に向き合う旅

沖縄テレビ放送のスタジオで談笑する坂本菜の花さん（右）と平良いずみさん。2020年1月、那覇市

坂本菜の花さん（20歳）は、踏まれてもまた起き上がる菜の花から名前をもらった。故郷の石川県を離れ、高校3年間を那覇市のフリースクール「珊瑚舎（さんごしゃ）スコーレ」で過ごした。在学中につづったエッセーが『菜の花の沖縄日記』として一冊の本にまとめられている。

2年生だった2016年、米軍属による女性暴行殺害事件が起きた。政府関係者は「最悪のタイミング」と言い、直後の米大統領訪日の方を気にかけた。翌年は米軍機事故が起き続けた。菜の花さんは徐々に、「私はヤマトンチュ（本土の人）です。加害者側です」と書くようになる。

「最初の頃は単純だった。力になりたいと県民大会に行って、拳を握って『オーッ』ってやっていた。でも、その拳の先には私がいた。こんなことが終わらないのは人のせいじゃない。私にだって必ず責任がある、と思うようになった」と語る。

考えると苦しくなりませんか。そう聞くと、「しんどいという感じではない。この責任は持っておこうと」。気負わない、けれど芯の強い言葉が返ってきた。

故郷の石川県には有名な「内灘闘争」の歴史がある。１９５０年代、政府が米軍試射場にするため土地を接収したが、住民は座り込みで米軍を追い出した。本土全体に広がる反基地運動の導火線となった。「だけど、基地は消したのではなく、その分を沖縄に追いやっただけだった」。珊瑚舎を卒業して故郷に戻り、内灘闘争のことを学んだ。「沖縄と私がもっと濃い線でつながった」という。

沖縄について講演を頼まれることもある。でも、最近は少し悩んでいる。「聞いた人から『頑張ってください』って言われる。私たちが自分の場所でどう動くかなのに、それがたぶん伝えられていない」

菜の花さんの歩みは、沖縄テレビ放送（ＯＴＶ）のドキュメンタリー番組になり、映画「ちむぐりさ菜の花の沖縄日記」になり、全国で公開された。「私は3年間沖縄にいたけど、余計分からなくなっちゃった。お手上げ状態だから、映画を同じ世代の人に見てもらって一緒に考えていきたい。ここから何ができるか」。思索は続く。

監督を務めたＯＴＶキャスターの平良いずみさん（43歳）にも、葛藤があったという。沖縄の大人として、加害者意識を抱える本土の若者を撮るつらさがあった。それでも時間をかけて話し合い、「本土と沖縄の懸け橋になりたい」という菜の花さんに託すことにした。

「澄み切った心から出た言葉は、きっと本土の無関心な人たちの心をノックしてくれる。希望の言葉を、県境を越えて一人でも多くの人に届けたい」と願っている。

✺東京出身記者の視点
差別を問い、問われ続ける

出口の見えない辺野古新基地建設問題。連載「本土よ」は、沖縄から本土の当事者性を問う取り組みを紹介してきた。担当した沖縄県出身と本土（東京）出身の記者が、連載終了に当たって報告する。

普天間飛行場のゲート近くに立つ伊波美恵さん。県外移設を求めてきた。2020年2月

あの時が記者としての分岐点だったかもしれない。

オスプレイの配備が迫っていた2012年、米軍普天間飛行場の近くで10年来の知人、伊波美恵さん（65歳）に会った。少し世間話をして、私（阿部）が配備について意見を聞こうとした時、伊波さんはぴしゃりと言った。

「私たちはもう十分反対を言いました。本土の人は、本土の人に取材してください」

いつまで沖縄に基地、そして反対運動を背負わせるのか。問うべきは、責任から逃げ続ける本土ではないのか。そしてあなた自身が、本土の人ではないか。

いつの間にか沖縄の側に立って話を聞こうとしていた私は、本来の立ち位置を突き付けられ、動揺した。「分かりました」。やっと言葉を絞り出した記憶がある。

普天間のそばで生まれ育った伊波さんは、名護市が移設先にされた1997年ごろ、女性のグループ「カマドゥ小(グヮー)たちの集い」をつくった。「同じ被害に遭ってきたウチナーンチュが受け入れる必要はない」と名護の人々に呼び掛け、本土に移す県外移設を主張してきた。

本土の集会に何度も足を運んだ。「最低でも県外」を唱えた鳩山由紀夫首相が来県した時には、手紙を直接手渡した。いつまでたっても本土は振り向いてくれなかった。

私と会った2012年当時は疲れ果てていたという。でも今回、改めてお願いすると、取材を引き受けてくれた。「やっぱり言わないと本土に伝わらないと思うから……」

どこかでふっと諦め、それでは駄目だとまた自らを奮い立たせる。繰り返す葛藤とその原因である基地を沖縄に押しつけてきたのは本土だ。私は東京で生まれ育った。

大学生だった1995年に米兵3人による暴行事件が起き、全国メディアが集中的に報じ始めるまで、沖縄に基地があることさえまともに知らなかった。犠牲の上にあぐらをかいてきたことを恥じた。沖縄で暮らしながら基地を考えたい、と翌年沖縄タイムスの入社試験を受け、今に至る。

今、本土から声が掛かれば、なるべく出掛けていって現状を報告する。必ず県外移設の話にも触れるようにしている。沖縄に関心を寄せる労組や平和団体の多くに「基地は移すものではない。なくすものだ」という理想があり、県外移設論はあまり評判が良くない。「絶対納得できない」と抗議されることもある。

私は記者で、県外移設を求める立場ではない。ただ、「同胞」である本土の人々には県外移設の声を一度は受け止め、基地が暮らしの隣に来る事態を真剣に想像してほしいと願っている。そんな暮らしは嫌だと言うなら、沖縄からも基地をなくすために全力を尽くしてもらわないと困る。

連載で紹介したように、沖縄からの問い掛けは期せずして、多重に広がっている。

「本土よ」——。基地集中という差別を終わらせるまで、私も問い、問われ続ける。

✺沖縄出身記者の視点
同じ国民、伝え共に考える

「あなたが僕らに訴えたから、僕らは動いたんよ」——。2019年2月に沖縄の県民投票の応援で徳島市から来た住友達也さん（62歳）にそう言われ、お世辞でもうれしかった。住友さんらは沿道で自前のプラカードを掲げて投票を呼び掛けた。

プラカードを掲げて投票を呼び掛けた住友達也さん（左）と伊勢達郎さん。2019年2月17日、那覇市内

出会いは2018年12月。県民投票に向けて全国の住民投票事例を検証する連載の一環で、2000年に徳島市であった住民投票を取材しようと訪ねた。住友さんは住民投票の会の代表世話人の一人だった。

私（伊集）は沖縄の基地被害や、本土の基地が沖縄に移された歴史について伝えた。酒も入り、つい熱っぽくなった。「沖縄で起きていることは日本全体の問題。自分たちに何ができるか」と住友さんらは考え、県民投票の支援組織を立ち上げた。ＳＮＳでカンパを募り、沖縄にも来た。

それで終わらなかった。住民投票の会メンバーだった伊勢達郎さん（60歳）と2人で共同代表となり、徳島市内で２０２０年2月、徳島の住民投票と沖縄の県民投票を通して民主主義を考える市民イベントを開催した。それを機に、市民らが基地問題などを学ぶ勉強会も始まった。基地のない本土でも、伝われば動くと実感した。

私がなぜ基地問題に強くこだわるようになったか。

一つは２０１４年から3年間の北部支社（名護市）勤務で、米軍の訓練による住民の被害を間近で見たことだ。米軍機が夜間に90デシベル以上のごう音で民家の上を低空で連日飛ぶ。２０１６年12月には民家の真上を低空で物をつり下げて飛んだことがある。私が動画を撮影し、ウェブ上で公開しても、米軍は「飛行は基地内」と言い放った。その民家の敷地内で見ていた防衛省沖縄防衛局の職員は住民に謝罪したのに、日本政府はその後、基地の中か外かは「確認できない」と変節した。「いつうちに落ちてくるか」という住民の不安をよそに、機体墜落や部品落下が続発する。米軍自ら「安全宣言」をして、また民間地上空を飛び回る。こんな「日常」が許されるはずがない。

もう一つは新基地建設着手後の大浦湾を見て、当時幼稚園児の息子が車の助手席で「（名護市の）市長は反対しているのに、なんで安倍総理はシュワブに基地を造るの？」と聞いてきたこと。驚いてハンドルを切り損ねそうになった。

新基地建設も沖縄の過重な基地負担も、「本土の理解が得られない」などという「大人」の事情で、合理性はない。基地問題に限らないが、物事を真っすぐに見つめる子どもの問いに、「大人の事情だから仕方ない」と答える大人にだけはなりたくないとの思いもある。

県民投票翌日（2019年2月25日）付紙面で、署名入りでこう書いた。「沖縄が何度意思を示せばその民意は実現するのか。国民という同じ当事者として答えを出すべきは本土だ」と。だから今回、「理解が得られない」とされる本土に問い掛けたかった。沖縄県民が一丸となっても日本の人口のわずか1％強。事態を動かすには本土の世論に訴えるしかない。

沖縄からさまざまな形で本土に訴え、理解を広めている人たちがいる。歩みは小さくても、歩を進める意味がある。本土でも沖縄の現状打開へ運動し、具体策を提案する人たちもいる。

県民投票で沖縄が投げたボールを本土が受け取り、基地負担軽減というボールを投げ返す。そのために私も沖縄出身の一記者として本土の人に伝え、同じ国民として共に考え続ける。

本土よ

米空軍嘉手納基地内の危険物取り扱い施設で火災が発生、
塩素ガスが流れ出た。２０２０年6月

甘えているのは沖縄か、本土か

沖縄県名護市辺野古に米軍の新基地を建設しようとしている日本政府は、技術的難題に直面している。今から埋め立てようとしている海域の地盤が「マヨネーズ並み」に軟らかいのだ。

政府は最も深い部分で、水深30メートルの付近から、その下へ約50メートルに渡って軟弱地盤が存在することを認めている。東京ドーム14個分の面積に当たる約66ヘクタールに及ぶ広範囲で地盤改良工事が必要になる。

一般的に、地盤の固さは土を掘り取るサンプラーという棒状の器具を突き刺し、重さ63・5キロのハンマーを高さ75センチから落下させて測る。サンプラーが地盤に30センチめり込むまでに、ハンマーを落下させた回数を「N値」として表現する。

大型構造物の基礎にはN値50以上が必要で、N値10以下が「軟弱地盤」と呼ばれる。辺野古の埋め立て予定海域では、N値「ゼロ」の地点が数多く見つかっている。つまりハンマーを落とさなくても、ロッド棒とハンマーの自重だけでサンプラーが地盤にめり込むほど軟らかい、まさに「マヨネーズ並み」の地盤だ。

ここを埋め立て、その上に滑走路2本の飛行場を造らなければならない。事業を進める沖縄防衛局は、砂を固めた「砂杭」を打ち込み、地盤を強化する方針を示している。最大で直径2メートルの砂杭4・7万本と植物性の板2・4万枚を使用する大がかりな「改良工事」になる。事業費は当初計画3500億円の2・7倍、約9300億円に膨らむ見込みだ。工期も大幅に延びる。

沖縄県の翁長雄志前知事、玉城デニー現知事は、新基地建設に反対してきた。そのため、公益を代表する国と沖縄県は、2014年12月からこの問題で争っている。沖縄県は新基地建設を阻止しようと、知事に権限のある「埋め立て承認」を取り消したり、撤回したり、とあらゆる手段を尽くしてきた。しかし、裁判などでことごとくしりぞけられ、決め手を欠いている。

依然として県民の7割以上は新基地建設に反対している。国と県の対立は膠着状態。それなのに、埋め立て工事だけが粛々と進んでいるのが実態である。政府が「法治国家」という言葉を多用、「司法に認められた」「法律的に正しい」と主張し、民意を顧みずに工事を強行しているためである。

工事を止めたいけど、止められなかった沖縄県や県民にとって、「軟弱地盤」は〝一条の光〟といえる。「深さ70メートル以上の軟弱地盤に砂杭を打ち込む作業船は国内にない」「軟弱地盤の上に造る滑走路はふぞろいに地盤沈下し、米国の安全基準を満たさない」「新型コロナウイルス対策で予算が必要な時期に、米軍基地建設に9300億円をかけるのは国民の理解を得られない」――。何とか工事を止めようと、「建設できない理由」を見つけ出し、国民の支持を広げようと、攻めている。

「沖縄タイムス」でも、軟弱地盤の問題点を繰り返し追及してきた。一方で、建設できるか、できないか、という土木工学の世界に問題が閉じ込められてしまわないか、という危うさを感じている。国は専門家の意見をまとめ、「軟弱地盤の改良は可能」という結論を出している。国民の目が「難しいけど、日本の技術を結集すれば建設できるんでしょ」という方向に移るのではないか。そんな懸念である。

本質は「建設できるか、できないか」ではない。「建設が正しいか、どうか」、と考える。沖縄県民の意思に反して、米軍基地を建設することが正しいのか。国土面積0・6％の沖縄に在日米軍専用施設面積の70・3％が集中する状況で、新たに基地を建設することが正しいのか。沖縄県知事が反対しているのに、国が対話を拒否し、計画を強引に進めることが正しいのか――。

問われているのは、土木工学や法律の話とは別に、この国の民主主義、地方自治、安全保障のありよう、戦後75年間、沖縄に基地を押しつけてきたという歴史観や道義心ではないだろうか。

軟弱地盤の問題を追及することは必要であり、これからも続ける。その上で、本書は、辺野古新基地建設の本質とは何かを問い、その理解を広げたいと思い、編集した。

普天間飛行場から離れている那覇市内で暮らしていても、夜遅くのオスプレイの重低音にはイライラが募る。小さな不満、小さな不安は、少し触れると出血するかさぶたのように重なっている。

「沖縄はいつも被害者ヅラしている」と思われるのではないか、というジレンマを抱えている。それでも現状が変わらない限り、現状を変えるために被害や負担の現場から書き続けなければならないことがある。

日米地位協定の問題もそうだ。協定の枠の内でも外でも、幅広く米軍の特権を認めている。日本の主権が骨抜きにされている点を多くの国民に伝えなければならない。それとは別に、地位協定のひずみや不条理が、沖縄に集まっていることを知ってもらいたい。地位協定が改定されれば、沖縄の問題が解決するというわけではないのである。沖縄にとって地位協定の改定はあくまでも入口論にすぎない。

２０１８年８月に亡くなった翁長雄志前知事は、よく問い掛けていた。

「いったい、沖縄が日本に甘えているんですか。それとも日本が沖縄に甘えているんですか」、と。

『沖縄は米軍基地で潤っているよね』『米軍基地がなければ食べていけないんじゃないの』――そう言われてきたが、本当にそうなのか。互いに覚悟を決めようではないか。基地の見返りの経済援助なんかいらない、税制優遇なんかいらない。そのかわり、沖縄の基地をすべて返してください。国民の皆さんはどうしますか。そんな意味を持つ。

沖縄では、米軍基地周辺に米軍関係者を相手にする飲食店が多い。軍用地を所有する人たちは賃料を得る。基地内で働く日本人従業員は仕事を失うとなれば困惑するだろう。しかし、それは基地があるゆえの事象であって、沖縄県民がそれにすがらないと生きていけない、それに甘えて生きているということにはならない。

むしろ、そのような事情につけ込んできたのは日本政府だ。普天間飛行場を辺野古へ移すのは、他に移す場所を探せないという政治的な理由が指摘されている。

日本は沖縄に甘えることで防衛や安全保障の本質的な議論を避け、日本は沖縄に甘えることで大きな政治課題から逃げ続けているのではないか。

２０２０年は、日米安保条約改定から60年、日米地位協定発効から60年の節目である。辺野古新基地建設問題の本質とは何か、甘えているのはどちらなのかを考え、沖縄の問題を議論する。本書が、そのわずかなきっかけになってほしいと願う。

最後になりますが、取材に応じていただいた多くの方々、助言をいただいた方々、また沖縄に関心を持ち続け、本書出版の機会を与えてくださった高文研の山本邦彦さんに、この場をお借りして感謝申し上げます。

２０２０年7月20日

取材班を代表して　福元　大輔

「沖縄・基地白書」取材班

■福元大輔（ふくもと・だいすけ）政経部県政キャップ

■阿部岳（あべ・たかし）編集委員

■伊集竜太郎（いじゅ・りゅうたろう）社会部フリーキャップ

■大野亨恭（おおの・あきのり）政経部記者

■大城大輔（おおしろ・だいすけ）政経部記者

■砂川孫優（すながわ・そんゆう）政経部記者

■屋宜菜々子（やぎ・ななこ）政経部記者

■銘苅一哲（めかる・いってつ）社会部教育キャップ

■又吉俊充（またよし・としみつ）東京報道部記者

■嘉良謙太朗（から・けんたろう）東京報道部記者

■仲村時宇ラ（なかむら・じうら）中部報道部記者

■比嘉桃乃（ひが・ももの）
総合メディア企画局デジタル部記者

沖縄タイムス【沖縄タイムス社】

沖縄県で発行されている日刊紙。戦時中の唯一の新聞「沖縄新報」の編集同人を中心に1948年7月1日、那覇市で創刊。「鉄の暴風」と表現された熾烈な沖縄戦など戦争の反省に立ち、県民と共に平和希求の沖縄再建を目指したのが出発点になった。27年間に及んだ米軍統治下では自治権の拡大や復帰運動で、一貫して住民の立場で主張を展開し、1972年の日本復帰後も居座った米軍基地の問題に真っ正面から取り組んできた。国内の米軍専用施設の大半を占める過重負担や、基地があるゆえに起きる事件・事故、騒音被害などの住環境破壊、日米地位協定の問題点などを追及し、解決に向けた論戦を張っている。

沖縄・基地白書
米軍と隣り合う日々

●二〇二〇年九月一日———第一刷発行

編著者／沖縄タイムス社「沖縄・基地白書」取材班

発行所／株式会社 高文研
東京都千代田区神田猿楽町二—一—八
三恵ビル（〒一〇一—〇〇六四）
電話03＝3295＝3415
http://www.koubunken.co.jp

印刷・製本／精文堂印刷株式会社

ISBN978-4-87498-735-3 C0036

◈ 沖縄の歴史と真実を伝える ◈

612-7
これってホント!?
誤解だらけの沖縄基地
沖縄タイムス社編集局編　1、700円
ネットに散見する誤解やデマ・偏見に対してデータ、資料を駆使し丁寧に反証する！

698-1
SNSから見える沖縄
幻想のメディア
沖縄タイムス社編集局編　1、400円
変貌するネットメディアに沖縄タイムス社はどう動いたか。

697-4
琉球新報が挑んだ
ファクトチェック　フェイク監視
琉球新報社編集局編　1、600円
あなたは見極められますか？　ファクトチェックに挑んだ琉球新報の調査報道とその検証記録。

636-3
これだけは知っておきたい
沖縄フェイクの見破り方
琉球新報社編集局編　1、500円
沖縄に対する「誤解・デマ・フェイクニュース」に、愚直にひとつひとつ反証・実証する。

663-9
この海・山・空はだれのもの!?
◆米軍が駐留するということ
琉球新報社編集局編著　1、700円
何故こんなに違う？　在日米軍とドイツ、イタリアの駐留米軍。「駐留の実像」を追う。

581-6
機密解禁文書にみる
日米同盟　アメリカ国立公文書館からの報告
末浪靖司著　2、000円
米国大使の公電が明らかにする日米安保・地位協定秘密交渉など、恐るべき内幕を明かす。

702-5
デニー知事　激白！
沖縄・辺野古から考える、私たちの未来
玉城デニー著　1、200円
沖縄と日本の未来について、自らの生い立ちから遡り、〝激白〟します！。

660-8
魂の政治家　**翁長雄志発言録**
琉球新報社編　1、500円
日本政府（安倍政権）に対峙した故翁長雄志氏の魂を揺さぶる数々の言葉。

569-4
沖縄の自己決定権
●その歴史的根拠と近未来の展望
琉球新報社編　新垣毅著　1、500円
沖縄のことは沖縄で決める——その歴史的根拠を検証し、自立への展望をさぐる！

642-4
続・沖縄の自己決定権
沖縄のアイデンティティー
新垣　毅著　1、600円
「うちなーんちゅ」とは何者か？　沖縄人にとって「日本国民になる（である）こと」の意味。

590-8
沖縄は「不正義」を問う
●第二の〝島ぐるみ闘争〟の渦中から
琉球新報社論説委員会編著　1、600円
沖縄がいま問いかけているのは「民主主義とは何か」。全国に届けたい沖縄の主張と情理。

544-1
琉球新報が伝える
沖縄の「論理」と「肝心」
琉球新報社論説委員会編著　1、200円
沖縄はいま、どんな「思い」で何を「主張」しているのか、改めて、ここに伝える。

602-8
女性記者がみる　**基地・沖縄**
島　洋子著　1、300円
日本政府のあまりの「強権」に何度も何度も崩れ落ちそうになっても、決して膝をつかない沖縄県民の心根を、しなやかに綴る！

514-4
沖縄の風よ　薫れ
糸数慶子著　1、600円
沖縄選出の参議院議員として、母として、平和バスガイド・国政の平和ガイドとして沖縄のためにいま伝えたいことを綴る！

498-7
普天間を封鎖した4日間
宮城康博・屋良朝博著　1、100円
沖縄中の怒りの中を強行配備されたオスプレイ。4日間の市民の「普天間ゲート封鎖」記録。

356-0
沖縄は基地を拒絶する
●沖縄人33人のプロテスト
高文研編　1、500円
日米政府が決めた新たな海兵隊航空基地の建設。沖縄は国内軍事植民地なのか!?

608-0
沖縄vs.安倍政権
宮里政玄著　1、500円
沖縄への自衛隊配備を積極的に進め、米軍基地の共用、その取得を狙う安倍政権に、沖縄は積極的な抵抗を継続しなければならない。

684-4
ジュゴンに会った日
写真・文　今泉真也　1、500円
北限のジュゴンが棲む沖縄・辺野古周辺の海を20年以上撮影する写真家が、世界に誇れる素晴らしき自然を伝える！